AQUA

TOM KRAUSZ

AQUA

BEGEGNUNGEN MIT DEM WASSER

MIT TEXTEN VON ELKE HEIDENREICH,
ARVED FUCHS UND ULI KUNZ

Koehler

INHALT

VORWORT
6

1 AM ENDE DER HORIZONT
OZEANE UND MEERE
8

2 KRAFTQUELLEN
FLÜSSE UND BÄCHE
66

3 ZUR FREUDE DES MENSCHEN
SEEN UND TEICHE
106

4 LEBENSELIXIER
REGEN UND GRUNDWASSER
128

5 INSPIRATIONSQUELLE
WASSER IN DER KUNST UND LITERATUR
146

6 LEBENSRAUM
TIERE AM UND IM WASSER
182

7 ELEMENT IM WANDEL
NEBEL, EIS UND WASSERTROPFEN
202

ÜBER WASSER
236

TOM KRAUSZ

VORWORT

Wasser ist ein außergewöhnliches Element – es hat eine ureigene Wirkung auf uns Menschen. Vielleicht, weil wir vor Millionen von Jahren selbst als urzeitliches Minimalwesen daraus hervorgegangen sind? Oder weil der Weg eines Menschenlebens im Fruchtwasser beginnt, vor der eigenen Geburt? Auch mich hat Wasser von Kindheit an fasziniert. Auf vielen Reisen hatte ich überwältigende Erlebnisse im oder auf dem Wasser – etwa die Begegnung mit einer Wasserschildkröte beim Tauchen in der Karibik oder eine Angelausfahrt in der Südsee mit einem Rapa Nui, einem Bewohner der Osterinsel.

Zur Fotografie kam ich durch das frühe Interesse an Kunst und journalistischem Erzählen. Insbesondere die legendären Reportagen der Leica-Fotografen beeindruckten mich sehr. Nach dem Studium der Fotografie in Hamburg führte mich 1976 meine erste Fotoreportage nach Island – sie weckte die große Lust, noch vieles mehr fotografisch zu entdecken. Der bewusste Verzicht auf die Wirkung von Farben bei meinen Fotografien ergibt für mich eine Konzentration auf die Bildaussage – eine Schwarz-Weiß-Aufnahme ist ein zeitloses Statement. Neben dem Ansatz, das Bild interessant zu gestalten und ungewöhnliche Perspektiven zu entdecken, reizt es mich, das erzählerische Moment einzufangen. Worum geht es, was passiert da auf der Straße, im Fluss oder auf dem Meer?

Bei meinen Reisen und Fotoreportagen rückte zunehmend Wasser in seinen unterschiedlichsten Aggregatzuständen in den Fokus. Nahezu überall schienen Menschen das Bedürfnis zu haben, dem Urelement nah zu sein – sei es, um ans Wasser zu gehen, es zu trinken, sich damit zu reinigen, es zu befahren oder darin zu schwimmen. Zugleich hat

Wasser die Kraft, die Seele zu berühren. Bei den Aufnahmen für dieses Buch fielen mir oft Menschen auf, die lange am Meer standen, der Brandung lauschten und sich in Gedanken versunken im Horizont verloren. Antworten auf tiefgehende Fragen scheinen wir bei einem langen Blick aufs Wasser zu suchen.

Wasser, insbesondere Süßwasser, ist heute immer stärker bedroht. Extreme Wetterverhältnisse häufen sich, und zu viel Wasser wird zur Gefahr, etwa als Hochwasser durch überlaufende Flüsse nach verheerenden Regenfällen oder vermehrt auftretende Sturmfluten. Der Meeresspiegel steigt und bedroht flache Inseln und Küstenstriche. Fehlt es an Wasser, hat auch dies gravierende Folgen, wie vermehrte Dürren, lang anhaltende Trockenzeiten, sich ausbreitende Wüstengebiete und die Verdunstung der Meere zeigen. Der Klimawandel führt zu bedrohlichen Veränderungen. Eine gesicherte Trinkwasserversorgung für einen Großteil der Weltbevölkerung ist schon lange nicht mehr gegeben, Hungersnöte nach Ernteausfällen nehmen zu.

Dieses Buch möchte die immense Bedeutung des Elements zeigen, die sich in so vielen Facetten äußert, und zugleich die ebenso kraftvolle wie verletzliche Schönheit von Wasser ins Bild setzen. In über 240 Schwarz-Weiß-Fotografien lädt der Bildband anhand von sieben Kapiteln dazu ein, dem Element in seinen verschiedensten Ausprägungen zu begegnen und die Lebenswelten, die Wasser ermöglicht, zu entdecken. Ergänzt werden die Fotografien durch Texte von Elke Heidenreich, Arved Fuchs und Uli Kunz, die sehr persönlich beschreiben, was Wasser für sie bedeutet.

Wasser lässt sich manchmal relativ leicht fotografieren, etwa als offenes Meer oder ruhiger See. Geht es um das wilde, ungebändigte Element, wie Surfer in der Meeresbrandung, oder Tiere auf dem Wasser in unmittelbarer Nähe, wird es schwieriger, aber stets lohnenswert. Wie schon der Magnum-Fotograf Robert Capa feststellte: „Je näher du dran bist am Motiv, desto besser wird das Bild."

1

AM ENDE DER HORIZONT
OZEANE UND MEERE

▲ Vorherige Seite:
Atlantikküste an der Reykjanes-Halbinsel, Island, 2025

▲ Turbulenzen im Wildwasser eines Flusses bei Kirkjubæjarklaustur, Island, 2025

► Wildwasser auf der Elbe bei Hamburg, vom Schiff aus aufgenommen, 2025

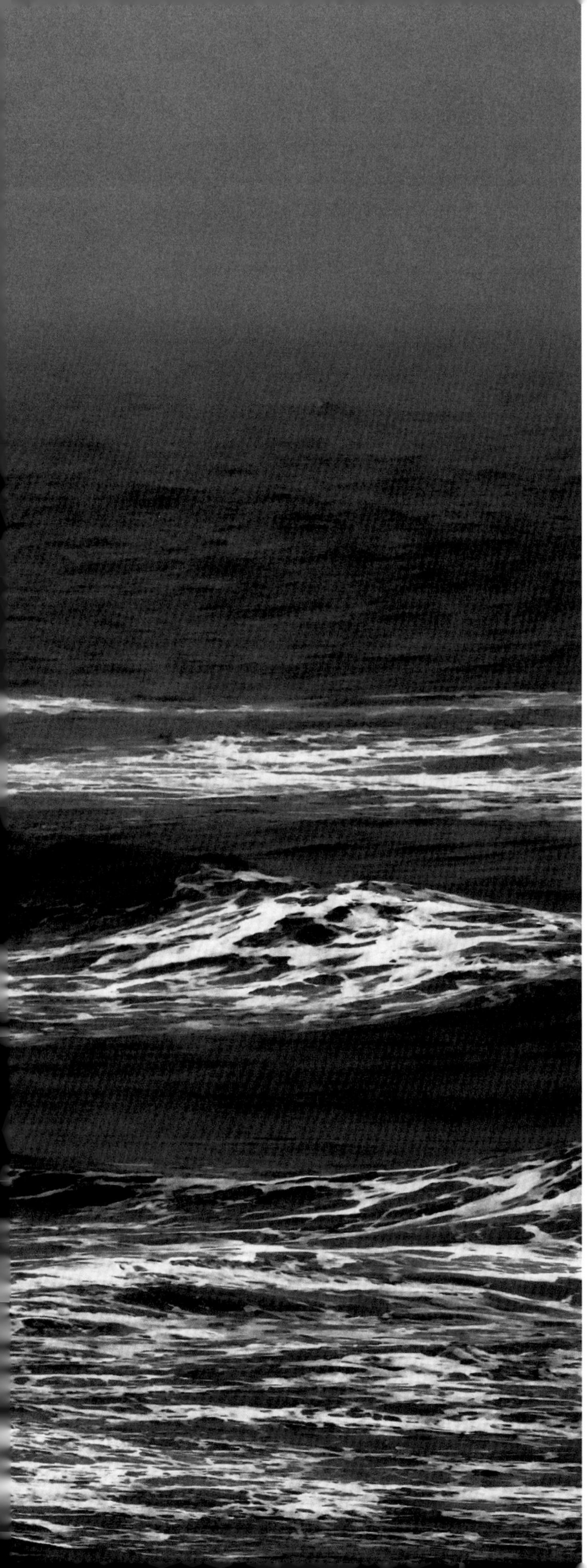

▲ Blaufußtölpel. Die Vögel sind sehr gute Sturztaucher. Dies macht den Fang von Fischen als Nahrung besonders effizient. Galapagos, 1998

◄ Aufgewühlte See vor der Reykjanes-Halbinsel, Island, 2025

▲ Salzkrusten am Westufer des Toten Meeres bei En Gedi, Israel, 1986

◄ Badende im Toten Meer, Israel. Das Tote Meer ist der tiefste Punkt der Welt und hat einen außergewöhnlich hohen Salzanteil von über 30 Prozent, 1982

Tenby Beach. Strandbesucher am Wattenmeer
im Südwesten von Wales, 2006

Vor dem Hafen von Tenby.
Bei Ebbe zeigt sich der Felsen im Watt, 2006

▲ Meeressund im Südosten von Neuseeland, 2000

► Galle Beach in Sri Lanka, eine bei Touristen beliebte Küstenregion im Süden des Landes. Indischer Ozean, 1998

▲ Starke Brandung bei Dyrholaey, im Südosten von Island, 2025

◄ Aufgewühlter Atlantik mit Eisschollen bei Jökulsárlón an der Südostküste von Island. Die Eisschollen sind abgekalbt vom Gletscher Vatnajökull. Er ist mit einer Fläche von etwa 7.700 km² der größte Gletscher Europas, 2025

▲ Trockenfischgestelle in Honningsvåg am Europäischen Nordmeer. Der Fisch, meist Kabeljau oder Schellfisch, wird nach der Trocknung als Stockfisch verzehrt, Norwegen, 1998

► Fischerboot bei Honningsvåg an der nördlichen Spitze von Norwegen. Hier wird vorrangig auf Dorsch, Köhler, Rotbarsch, Schellfisch oder Steinbeißer gefischt, Europäisches Nordmeer, 1998

▲ Pfahlbauten bei St. Peter-Ording.
Die hochgesetzten Häuser am Strand
bleiben auch bei Flut trocken, 2024

◄ Strand bei St. Peter-Ording.
Das Wattenmeer lädt zu langen
Spaziergängen ein, 2024

▲ Blaue Moschee in Istanbul, eine der großen Moscheen des Islams, Bosporus, Türkei, 2004

◀ Die Zeit der größten Ebbe in Husum an der Nordsee, Hafen und Innenstadt, 2024

▲ Der Oldtimer-Hafen in der Hansestadt Lübeck, Ostsee.
Alte Fischkutter und Transportsegler früherer Zeiten, 2024

ARVED FUCHS

OCEAN CHANGE

Die Nordsee liegt mir im Blut. Meine Großeltern lebten auf der Insel Sylt. Wenn es sich irgendwie einrichten ließ, war ich als Kind ständiger Gast. Meine ersten Schwimmversuche fanden in der rauen Brandung Westerlands statt. Ich erlebte als Kind die Urgewalt der Winterstürme, die so stark waren, dass ich die salzige Gischt im Inneren der Insel auf den Lippen spürte und aus Sicherheitsgründen nicht allein vor die Tür durfte.

Am eindringlichsten ist mir die Begegnung mit dem Horizont in Erinnerung geblieben. Am Strand zu stehen, über das Wasser in die Ferne zu blicken und verwundert festzustellen, dass sich dort hinten scheinbar Himmel und Wasser vereinten. Mir war schon als Kind klar, dass das nicht das Ende der Welt war – aber wie mochte es dahinter aussehen? Eine unbändige Sehnsucht und Neugierde hatten mich gepackt. Das Meer war der Schlüssel, um dorthin zu gelangen, hinter den Horizont zu blicken, neue Horizonte zu entdecken. In dem Moment wurde ich zum Seefahrer.

Seither bereise ich die Weltmeere. Mittlerweile seit über 50 Jahren. Vom Nordpol bis zum Südpol, um Kap Hoorn durch die tropischen endlosen Weiten des Südatlantiks und des Pazifiks. Faszination und Sehnsucht leiten mich auch heute noch. Dort lebt das Abenteuer. Die Meere als Wege zu fremden Ländern, Kulturen, anderen Klimazonen. Diese unglaubliche Vielfalt ist ein Schatz, den ich nach wie vor für mich heben möchte. Es ist der sagenhafte „blaue Planet"! Als Jugendlicher habe ich im Fernsehen die Bilder der ersten Mondlandung der NASA gesehen. Die staubigen Fußstapfen der Astronauten auf dem Trabanten waren für mich nebensächlich. Es war vielmehr der Blick zurück auf den blauen Planeten, der mich in seinen Bann zog. Verheißungsvoll, in einem eisig kalten, absolut

Sehnsucht nach Meer, hier am Nordseestrand auf Sylt, 1987

lebensfeindlichen und grenzenlosen Raum eingebettet liegt die Erde mit ihren Ozeanen. Das Sinnbild des biblischen Gartens Eden.

Ich bin ein Meermensch, ich lebe leidenschaftlich gern auf dem Wasser. Aber die anfängliche Unbefangenheit ist mir abhandengekommen. Es ist der Spagat zwischen Leidenschaft und Erkenntnis, der mich innerlich aufwühlt. Das Gefühl, hin- und hergerissen zu sein zwischen Faszination, Leidenschaft und Ernüchterung. Die Meere verändern sich in einer Rasanz, die mir geradezu unheimlich ist. Und ich bin unfreiwillig zum Zeitzeugen geworden. Wir überfischen sie, verwandeln sie in eine gigantische Mülldeponie, streiten uns über Seegrenzen und wollen Tiefseebergbau betreiben.

Durch den von uns verursachten Klimawandel verändern wir die Chemie der Meere – sie binden das überschüssige CO_2 aus der Atmosphäre und werden dadurch sauer –, mit den unterschiedlichsten Auswirkungen auf die Flora und Fauna. Aber irgendwann ist auch ihre Aufnahmekapazität erschöpft. 97 Prozent des gesamten Wassers auf Erden befindet sich in den Ozeanen. Sie sind die Wiege allen Lebens. 136 Millionenstädte liegen am Meer und werden unmittelbar von dem steigenden Wasserspiegel bedroht. Die Meere verändern sich in einem Tempo, mit dem wir Menschen nicht Schritt halten können. Unsere Achtlosigkeit holt uns irgendwann ein.

Wir reduzieren das Meer auf eine touristische Destination, liegen im Strandkorb oder fahren mit gigantischen, schwimmenden Hotelburgen über die Ozeane. Die machen schon aufgrund ihrer Größe eine Annäherung an das Meer unmöglich, abstrahieren das Erlebnis See und lassen es in der Anonymität versinken. Es fehlt uns an Wertschätzung für diese Naturlandschaften.

Man muss einmal die Hunderte von asiatischen Fischtrawlern gesehen haben, die außerhalb der 200-Meilen-Zone vor der südamerikanischen Küste liegen und fischen. Monatelang, teilweise jahrelang. Die Crews leben und arbeiten unter haarsträubenden

Die Ölbohrplattform „Schwedeneck-See" in der Ostsee. Hier wurde bis zum Jahr 2000 Erdöl gefördert, 1987

Sammlung von Müll, der die Ozeane verunreinigt.
Vorrangig wird Plastik gesichtet, was sich erst nach Hunderten von Jahren abbaut und Tiere des Meeres gefährdet, 2024
(Tropenaquarium Hagenbecks Tierpark)

Bedingungen, die Schiffe werden auf See gebunkert und die Ladung gelöscht. So lange, bis die Crews nicht mehr können und die Schiffe auseinanderfallen. Wenn die Flotten verbraucht sind, werden Mensch und Material ersetzt. Der Fang geht unvermindert weiter. Das alles geschieht mit dem Wissen der Verantwortlichen, aber unter Ausschluss der Öffentlichkeit.

Die Stürme werden immer heftiger und zerstörerischer. Als Seefahrer gehört der Umgang mit stürmischem Wetter zum Handwerk. Aber stets begegnet man ihnen mit einem Gefühl des Respekts, der Sorge oder gar Furcht. Die entfesselte Urgewalt der Sturmseen lässt einen demütig werden, lässt die menschliche Hybris krachend in sich zusammenbrechen. Dem Seefahrer wird stellvertretend die Verletzlichkeit der Spezies Mensch vor Augen geführt.

Um deutlich zu machen, warum der Schutz der Meere und Naturschutzmaßnahmen insgesamt in unser aller Interesse so unglaublich wichtig sind, wurde das Projekt „Ocean Change" ins Leben gerufen. Hierbei laden wir als zehnköpfige Crew Menschen unter anderem virtuell an Bord der Dagmar Aaen ein, unseres über 90 Jahre alten Segelschiffs, und nehmen sie mit auf eine Reise in die Welt der Ozeanforschung. So möchten wir interessierte Menschen emotional einbinden, sie informieren und aufzeigen, was wir alle im Begriff sind zu verlieren und was es zu schützen gilt. Es muss eine Saite in den Menschen zum Klingen gebracht werden, um Veränderungen zu bewirken.

Mein Freund Robert Swan hat einmal gesagt: „Der größte Fehler ist zu glauben, dass jemand anderes das Problem lösen wird." Das wird nicht passieren! ■

▲ Brandung bei Großenbrode im Herbst bei unruhiger Ostsee, Fehmarn, 2024

► Schweres Wetter bei Rostock.
Auf den Wellen der aufgewühlten Ostsee zeigen sich Schaumkronen, 1985

▲ Ein sehnsuchtsvoller Blick aufs Meer bei Blåvand, Dänemark, Ostsee, 1986

◄ Eine Gruppe von Reitern an der Küste bei Scharbeutz, schleswig-holsteinische Ostseeküste, 2021

▲ Von der Weite fasziniert. Sicht von einer Aussichts-plattform in Ancona, Italien, 1982

▲ Roter Tuffstein oder Basalt – Moai genannte Skulpturen auf der Osterinsel. Die aus einem Stück gemeißelten Figuren sind teilweise bis zu zehn Meter hoch, Osterinsel, 1999

◄ Eine Gruppe von Steinfiguren, Moais genannt, an der Pazifikküste der Osterinsel. Ungewöhnlicherweise sind die Figuren so aufgereiht, dass sie nicht auf das Meer blicken, sondern landeinwärts, Osterinsel, 1999

▲ Der Großsegler LILI MARLEEN vor der Küste der Galapagosinseln, Pazifik, 1998

► Die LILI MARLEEN. Der Großsegler kreuzte zur Zeit der Aufnahme unter deutscher Flagge vor den Galapagosinseln, 1998

Lili Marleen

▲ Blick durch eine Felsformation am Strand
von Dyrhólaey an der Südostküste von Irland, 2025

◄ Atlantikküste bei Dyrhólaey, Island. Typisch sind der schwarze
Lavasand am Strand und die starke Brandung, 2025

Brandung des Atlantiks bei Dyrhólaey, nahe Vík i Mýrdal an der Südostküste Islands. Die starke Brandung ist häufig Ursache von schweren Unglücken, wenn Menschen unvorsichtigerweise zu nah ans Wasser gehen, 2025

Atlantikküste der Reykjanes-Halbinsel an der Südküste von Island.
Das schwarze, felsige Lavagestein reicht bis an die Wasserlinie und bietet vielen Vögeln Nistplätze, 2025

ULI KUNZ

DIE UNBEKANNTE WELT

Dunkel ist oben, dunkel ist unten. An der Grenzfläche mein Körper. Noch einmal tief Luft holen. Jede Zelle soll sie atmen, speichern, festhalten. Ein Blick in die Tiefe, ein Flossenschlag, oben nur noch gekräuseltes Wasser.

Oben war Gestern, der Kegel meiner Taucherlampe ist Jetzt. Grün reflektiert der Sandboden das Licht, silbrige Fischleiber blitzen auf, flüchten in die Dunkelheit an meiner Seite. Die großen Blätter eines Algenwaldes wogen an einer Felswand neben mir. Zwischen den armdicken Stämmen ist eine Lücke. Der Eingang in einen Canyon, ein Spalt, mehr nicht. Groß genug für einen Menschen ohne Tauchflasche.

Zuerst der Kopf, die Arme ziehen nach, der Rumpf, die Beine, die Algen verschließen das Loch, der Wald im Meer hat mich verschluckt. Das Herz ist still in der Tiefe. Meine Lampe erhellt den Weg über weiße Muschelschalen und bewachsene Kiesel. Über mir das Blätterdach aus Algen. Ich ziehe mich mit den Händen an den Stämmen entlang. Gleite mühelos durch die Dunkelheit.

Leben überwuchert den Felsen. Seeanemonen, Krustenalgen, Schwämme. Aus einer Höhle kommt ein großer Hummer mit riesigen Scheren, läuft über den Sand und verschwindet in einer Spalte. Vor mir eine Abzweigung. Die Lampe leuchtet nach links. Nach wenigen Metern Sackgasse. Ich kenne diese Stelle, bin hier schon am Tag gewesen. Aber nachts verändern sich die Wege.

Nachts ist man hier unten noch weiter von der Oberfläche entfernt als am Tage – man mag sie vergessen, die Erinnerung an sie abschütteln, wäre da nicht ein immer stärker

Der Seestern zählt zu den am häufigsten auftretenden Meeresbewohnern, die Tiere leben überwiegend am Boden der Nordsee, 2024
(SEA LIFE Timmendorfer Strand)

werdender Atemreiz, der den Körper davon abhält, dem Geist in die schwärzesten Löcher zu folgen.

Am Ende der Schlucht wartet mein Tauchpartner, um mit seiner Lampe den Weg zu markieren. Ich stelle alle Bewegungen ein, lasse mich von meinem Tauchanzug in Richtung Oberfläche treiben. Wie lange war ich hier unten? Die letzten Sekunden genießen. Lampe aus, Blick zur Oberfläche. Um mich herum blitzen Myriaden grüner Punkte auf. Sternschnuppen im Ozean. Meeresleuchten. Unbeschreiblich schön, unendlich beruhigend.

Der immer wiederkehrende, ruhelose Strahl eines Leuchtturms streicht über das Wasser. Er weist auch mir den Weg. Nach oben. Ausatmen. Tanzende Blasen gehen voraus. Wellenrauschen. Wasser perlt von meinem Gesicht, frische Luft füllt die Lungen. Oben ist wieder Jetzt.

Ich kann mich an diesen kurzen Ausflug mit angehaltenem Atem vor vielen Jahren sehr gut erinnern. Und spüre die Faszination der Unterwasserwelt auch heute noch bei jedem Tauchgang. Das Reich der Algenwälder, Korallenriffe, Haie, Tiefseequallen, Hummer und Röhrenwürmer bezaubert nach wie vor mit einer einfachen Eigenschaft: Es liegt so nah an unserer Welt. Und bleibt doch für viele Menschen so fremdartig, ist so schwer zu erreichen, zu erforschen. Und leider auch so schwer zu beschützen.

Was kann ich über den Ozean schreiben? Wie erfasse ich den Bereich auf dem Planeten, der sich zu großen Teilen immer noch unserer Erkenntnis entzieht? Und den wir heutzutage doch mehr benötigen als jemals zuvor? Vielleicht mit Superlativen: Der Ozean ist der bei Weitem größte Lebensraum auf unserer Erde. Gehe ich durch einen Wald, kann ich die Baumkronen erkennen, darüber Vogelschwärme, die höchstens in ein paar Hundert Meter Höhe fliegen. Der Ozean ist von der Oberfläche bis zum Tiefseeboden mit Leben erfüllt, seine Durchschnittstiefe liegt bei knapp 4.000 Metern! Im tiefsten Meeresgraben würde der Mount Everest mit einem lauten Platschen versinken. So weit, dass wir über

Kelpwald mit Fischen im nährstoffreichen Wasser
eher kalter Meere. Er beheimatet hauptsächlich Braunalgen,
die im marinen Ökosystem eine wichtige Rolle spielen, 2024
(Multimar Wattforum Tönning)

zwei Kilometer tief tauchen müssten, um seinen Gipfel zu berühren! Wo wir schon dabei sind: Der Mount Everest ist gar nicht der höchste Berg der Erde – der steht im Pazifik. Der Mauna Loa ist vom Meeresboden aus gemessen über zehn Kilometer hoch. Das längste Gebirge? Klar, liegt auch im Meer: Ein durchgängiger Vulkan, der sogenannte mittelozeanische Rücken, zieht sich über 60.000 Kilometer durch alle Meere. Und ist überzogen mit bizarren Lebensräumen wie den Schwarzen Rauchern und besiedelt von Tierarten, die noch kein Mensch gesehen hat. Das größte Tier der Erde? Der Blauwal. Das längste Tier? Die Feuerqualle ...

Das kleinste Tier? Hm ..., diese Frage ist nicht zu beantworten. Aber kleine Tiere sind es, die in der Bedeutung für uns Menschen im Ozean groß rauskommen! Und die mich auf mehreren Expeditionen immer schwer beeindruckt haben.

Auf einer dieser Reisen kann ich Wissenschaftler auf dem Forschungsschiff Poseidon begleiten. Der Schwerpunkt der Fahrt liegt in der Untersuchung von Plankton, also Organismen, die sich mit der Strömung treiben lassen und äußerst vielfältig sind. Mit an Bord haben wir Jago, ein Tauchboot, das bis 400 Meter tief tauchen und neben dem Piloten noch einen Wissenschaftler aufnehmen kann. Als die knallgelbe Kugel mit dem Kran langsam ins Wasser gelassen wird, sitze ich schon im Beiboot und lasse mich in das tiefblaue Atlantikwasser fallen. Ich mache Fotos von Jago, bevor es an mir vorbei tiefer sinkt und im bodenlosen Dunkelblau verschwindet. Ich schaue mich um: Kein Fisch weit und breit, trotz der fantastischen Sichtweiten. Keine Garnelen, keine Würmer, nur Wasser. Es ist eine Wüste unter der hohen See. Wo sind die Tiere hin?

Im Labor des Forschungsschiffes zeigen mir die Meeresbiologen einen Bildschirm, auf dem mehrere farbige Ebenen zu sehen sind, die übereinander liegen und an mehreren Stellen ineinanderfließen. Der Monitor gehört zu einem speziell eingerichteten Echolot, das direkt nach unten in den Ozean blickt und anhand eines ausgesendeten Schallsignals

Strukturen wie den Meeresboden erfassen kann. An dieser Stelle liegt er über 2.000 Meter tief, aber zwischen den blauen Farben ist eindeutig ein heller Streifen zu erkennen, der eine dichte Masse in einer Tiefe von 400 Metern anzeigt. Die Forschenden erklären mir, dass dort unten eine gewaltige Menge an Tieren unterschiedlicher Art lebt, die nur darauf wartet, im Schutz der Dunkelheit nach oben zu schwimmen, um die winzigen Algen abzugrasen, die tagsüber im lichtdurchfluteten Oberflächenwasser gewachsen sind. Oder um als Räuber diejenigen zu schnappen, die aus der Tiefe kommen. Tagsüber versuchen die meisten Lebewesen in dieser Zone, ihren Verfolgern zu entkommen, indem sie sich in der tiefen Dunkelheit verstecken und das Schlaraffenland weiter oben meiden: lieber hungrig als tot. Diese gigantische Wanderung spielt sich in allen Meeren ab und ist die größte Bewegung von Biomasse auf der Erde überhaupt. Aufgrund ihrer versteckten Wanderwege in den Tiefen des offenen Ozeans ist der Einfluss der tierischen Freischwimmer auf die Nahrungskette im Meer bisher noch kaum erforscht.

Gegen 18 Uhr, kurz vor Sonnenuntergang, passiert auf dem Bildschirm Merkwürdiges. Der helle Balken, der sich eben noch auf der Tiefenskala zwischen 300 und 400 Metern befand, rutscht von Minute zu Minute höher. Der nun einer aufwärts gerichteten Kurve ähnelnde Streifen lässt keinen Zweifel: Die Wanderung hat begonnen. Rund um die Poseidon schwimmen, strampeln, rudern und pulsieren Abermillionen Lebewesen in Richtung Wasseroberfläche. Unsichtbar und lautlos. In einem Horrorfilm würde jetzt dramatische Musik einsetzen, bei uns an Bord setzen wir alles in Bewegung, um in der Dunkelheit ins Wasser zu kommen.

Tief einatmen. Abtauchen. Lampen einschalten. Staunen. Das vor wenigen Stunden noch wüstenhafte Meer hat sich gewandelt. Vor meiner Kamera tanzen weiße Punkte, zuckende Würmer werden vom Licht angelockt und stoßen gegen meine Hände, vielbeinige Krebslarven trudeln durch das Wasser, Quallen strecken ihre Tentakel aus. Winzige Laternenfische flitzen an mir vorbei, gefolgt von drei Goldmakrelen dicht unter der Oberfläche.

▲ Wasserstrudel neben einer Hafenfähre
im Hamburger Hafen, 2025

◄ Schlechtwetterstimmung auf der Ostsee
bei Haffkrug, 1987

Im Schein meiner Lampen schwebt eine Garnele, wird urplötzlich von einem heranschießenden Kalmar gepackt und zurück in die Dunkelheit gerissen. Zehn Meter neben mir flammt helles Licht auf. Jago hat die Scheinwerfer eingeschaltet und beginnt seine Fahrt in die Tiefsee. Das schwimmende Tauchboot ähnelt jetzt einem schwerelosen Raumschiff im nachtschwarzen Weltraum, das in fremde Galaxien vorstößt, die noch nie zuvor ein Mensch gesehen hat. Vor dem großen Kuppelfenster schweben 20 Zentimeter große, weißliche Gebilde, die aussehen wie riesige Fingerhüte. Es sind sogenannte Feuerwalzen, glockenförmige Kolonien aus Hunderten Einzeltieren, die sich durch einen gemeinsam produzierten Wasserstrom fortbewegen können und die Wanderung aus der Tiefsee innerhalb von einer Stunde schaffen. Während ich wieder zum Atmen an die Oberfläche schwimme, sinkt das von gleißendem Licht umgebende Raumschiff Jago zur Erforschung dieses einzigartigen Lebensraums in den dunklen Atlantik.

Zurück auf dem Beiboot sehen wir in einiger Entfernung das erleuchtete Forschungsschiff. Um uns herum im Wasser glimmen Lichtpunkte auf. Kleine Lampions aus grünlichem Schimmern, die einige Sekunden lang irrlichternd funkeln und wieder erlöschen. Es sind die Feuerwalzen, die beim Fressen oder Gefressenwerden das Meeresleuchten verursachen. Kurz vor dem Morgengrauen werden sie sich wieder in die Tiefsee zurückziehen. Schweigend betrachten wir das lautlose Feuerwerk der Meere.

Die Wanderung der kleinen Tiere im Meer wird seit einigen Jahren intensiv erforscht. Wir begreifen nun die Aufgabe der Winzlinge viel besser. Unter anderem holen sie durch ihre Nahrungsaufnahme Kohlendioxid aus dem Oberflächenwasser in die tieferen Schichten, scheiden es aus und sorgen damit für einen Transport von Kohlenstoff in die Tiefsee. Dort kann er über Jahrtausende abgelagert werden. Mit diesen Mechanismen haben die Meere schon einen großen Teil des menschengemachten Kohlendioxids aufgenommen. Ohne diese Vorgänge, ohne diese sogenannten „Ökosystemleistungen", die uns die Natur kostenlos zur Verfügung stellt, wäre der Klimawandel deutlich ausgeprägter, die Schäden um ein Vielfaches höher.

Es sind die Zusammenhänge, die so bedeutungsvoll sind. Nahrungsketten, die erst im Zusammenspiel der Räuber und ihrer Beute, von Leben und Tod, von der mikroskopischen Alge an der Basis bis zum Topräuber an der Spitze ihre ganze Bedeutung erhalten.

Die Menschheit greift massiv in dieses seit Millionen Jahren existierende Nahrungsnetz ein, reißt Löcher, trennt Verknüpfungen und dünnt die Fäden aus. Die Folge sind massive Veränderungen in den Lebensräumen, die dann anfälliger werden für Bedrohungen wie Krankheiten, Hitzewellen, Stürme und Überschwemmungen.

Die unbekannte Unterwasserwelt hat ein Problem: Im Gegensatz zu brennenden Regenwäldern, schmelzenden Eisbergen und gewilderten Elefanten sind ihre unmittelbaren Bedrohungen selten sichtbar, bleiben häufig unter einer sanft plätschernden Oberfläche verborgen. Ihre bezaubernden Bewohner, von der bunten Nacktschnecke über den fremdartigen Schleimaal oder den bizarren Anglerfisch bis zu den Riesen der Meere, den Walhaien, Schwert- oder Blauwalen sind durch die Überfischung, den Klimawandel und die Vermüllung gefährdet. Bevor wir überhaupt wissen, was wir tun und welchen Einfluss es haben wird, streiten wir uns schon über die Ausbeutung von Rohstoffen in der Tiefsee, über mögliche Öl- und Gasfelder in bald zugänglichen Gebieten wie der Arktis.

Wir sollten verstehen, dass ein gesundes Meer unsere Lebensgrundlage darstellt. Und ganz egoistisch begreifen, dass der Schutz der Natur uns nur nützen wird.

Über eines können wir uns sicher sein: Wenn irgendwann in naher oder ferner Zukunft der Homo sapiens nicht mehr auf der Erde sein sollte, weil er sich vielleicht als Sackgasse der Evolution herausgestellt oder sich mit seiner Gier der eigenen Lebensgrundlage beraubt hat, wird das Leben in den Ozeanen weitergehen. Tief unten werden Asseln, Anglerfische und Seegurken krabbeln, schwimmen und kriechen. Sie werden in ihrem Leben nie Sonnenlicht gesehen haben. Und dafür sorgen, dass der Ozean belebt bleibt. Und das ist doch ein wunderbarer Gedanke. ■

▲ Schäden infolge eines 1965 bei Skelde tobenden Sturms. Bei dem Unwetter stürzten zahlreiche Bäume in direkter Ufernähe um, Dänemark, Ostsee, 2024

◀ Gefahrenschild wegen der oft starken Brandung an der walisischen Küste bei Tenby, 2006

Ein Trabergespann fährt entlang der holländischen Nordseeküste, 1987

Das verwitterte Strandgutholz am Ufer des Indischen Ozeans
bei Durban ähnelt einem urzeitlichen Tier, Südafrika, 1999

Eine Gruppe von Menschen wagt sich in die zerklüfteten Steine
am Strand von Durban, Südafrika, Indischer Ozean, 1999

▲ Hurtigroute, auf dem Postschiff entlang der norwegischen Lofoten-Inseln, 1982

► Ein Fischtrawler hält nach seiner Fahrt auf der Nordsee im Dunst eines Novembertages Kurs zurück Richtung Friedrichskoog, 1993

Windsurfer beim jährlichen „Weltcup der Windsurfer" an der Küste
vor Westerland auf Sylt. Beliebt sind bei den Sportlern Windstärken ab 5,
um kunstvolle Sprünge und Moves machen zu können, Nordsee, 1995

Zwei Windsurfer beim Weltcup vor Westerland, Sylt,
wo die spektakulärsten Sprünge über die bewegte See
den Sieger ausmachen, 1995

▲ Wassersprudel im Fahrwasser der Elbe, Hamburg, 2025

► Wasserdynamik beim Sprung eines Windsurfers vor Sylt, Nordsee. Es gilt, die Elemente Wasser und Wind zu beherrschen, 1995

2

KRAFTQUELLEN

FLÜSSE UND BÄCHE

▲ Vorherige Seite:
Gletscherausläufe bei Skaftafell, einem Nationalpark bei Vík í Mýrdal, Island, 2025

► Kajakfahrer auf dem Mondego in der Region Centro bei einem möglicherweise misslungenen Manöver, Portugal, 2002

Schöpfrad in Ebermannstadt, bewegt durch
das Wasser der Wiesent, einem circa 78 Kilometer
langen Fluss im bayerischen Oberfranken, 2023

Die Ramsauer Ache bei Berchtesgaden
in Bayern. Das Fließgewässer führt glasklares
Wasser aus den umliegenden Bergen, 2024

▲ Klares Wasser einer Ache in den Bergen bei Ramsau, Bayern, 2025

◄ Angler an einer Flussteilung der Weser bei Rinteln, Weserbergland, 2023

▲ Eine von mehreren Quellen des Rheins in Graubünden, Schweiz. Unter dem Schnee sprudelt leicht und kaum sichtbar Wasser hervor, 2015

► Der junge Rhein bei dem Ort Hinterrhein in Graubünden, Schweiz. Langsam entwickelt er sich dann zu einem größeren Fluss, 2015

▲ Der Rhein in Basel, hier eine flache Anlegestelle im Zentrum der Stadt. Ein Liebespaar auf einer Bank am Ufer ist ins Gespräch vertieft und unberührt vom Ausblick, 2015

► Mehrere flache Kähne, regional als Nachen bezeichnet, liegen vor der Altstadt von Basel am Rhein, 2015

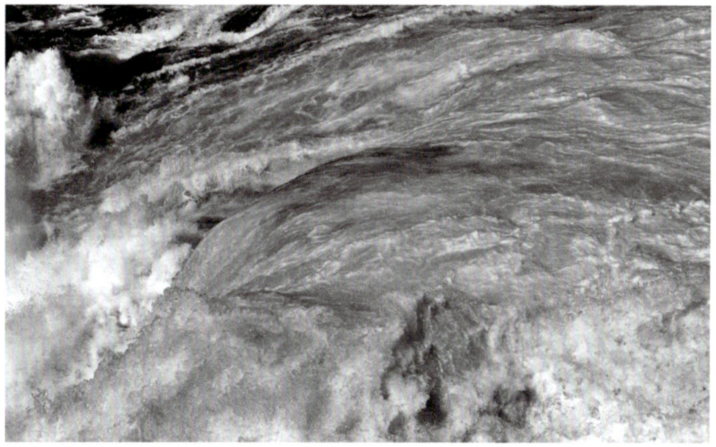

Der Rheinfall ist ein Geschäft mit Pommes, Eis, Fotos, Parkplatz, und Japan hat jetzt anscheinend Liechtenstein verlassen und ist auch schon wieder komplett da. 600 m³ Wasser donnern hier pro Sekunde in die Tiefe, einmal, bei sehr hohem Wasserstand 1965, sollen es unvorstellbare 1.250 m³ pro Sekunde gewesen sein. Und einmal, erzählt die Sage, soll ein müder, eingeschlafener Schiffer mit seinem Kahn heruntergestürzt und wohlbehalten unten gelandet sein. Weil ihm das aber keiner glauben wollte, führte er die Nummer gleich noch mal vor, und - Na, was glauben Sie denn? - war beim zweiten Mal natürlich tot.
Also, ich rate ab.

Aus: Elke Heidenreich, „Alles fließt"

◂ Wasserstrudel des Rheinfalls von Schaffhausen, kurz vor der Stelle, an der das Wasser in die Tiefe stürzt, Schweiz, 2015

◂ Mit unglaublicher Lautstärke tosen gewaltige Wassermassen jede Sekunde den Rheinfall bei Schaffhausen hinunter, Schweiz, 2015

◄ Banyas, einer der Quellflüsse des Jordans in Israel, nahe den Golanhöhen, 1992

◄ Die Partnach kurz vor der Partnachklamm, wo sich das Flusswasser seinen Weg durch enge Felsschluchten bahnt, 2024

► In der Partnachklamm bei Garmisch-Partenkirchen, Bayern, 2024

Einer der gewaltigsten isländischen Wasserfälle ist der Gullfoss. (In der isländischen Sprache bedeutet *gull* Gold und *foss* Wasserfall.) Er wird gespeist vom Fluss Hvítá im Südosten Islands, 2025

▲ Der Gullfoss ist stolze 229 Meter breit und 32 Meter hoch bei zwei Fallstufen, Island, 2025

► Mit ungestümer Kraft rauschen die schäumenden Wassermassen des Flusses Hvítá im Gullfoss-Wasserfall ins Tal, Island, 2025

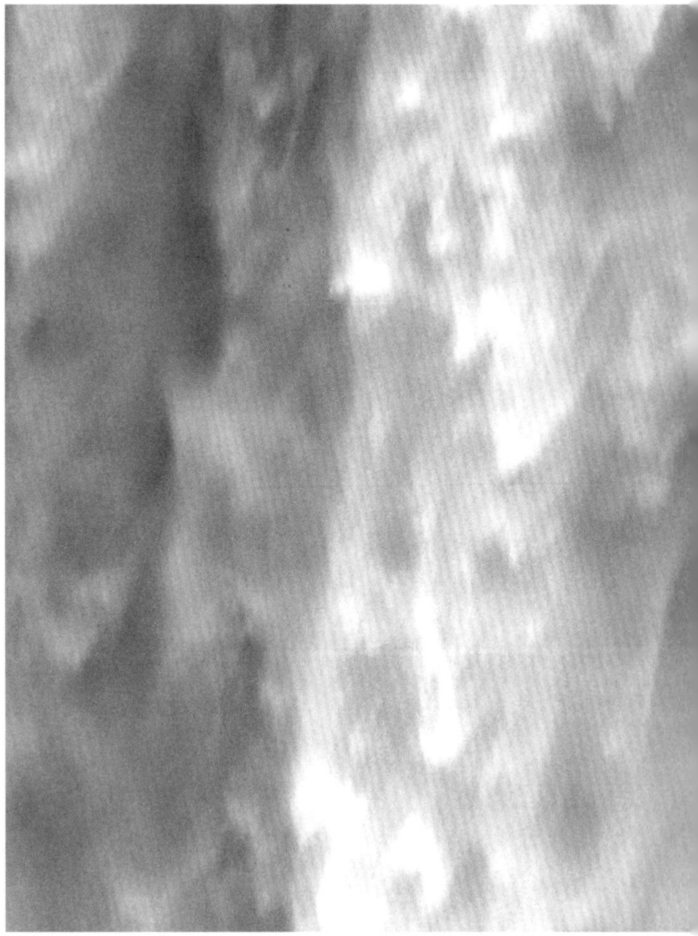

◄ Der Seljalandsfoss, ein 66 Meter hoher Wasserfall, liegt im Südosten des Inselstaates, Island, 2025

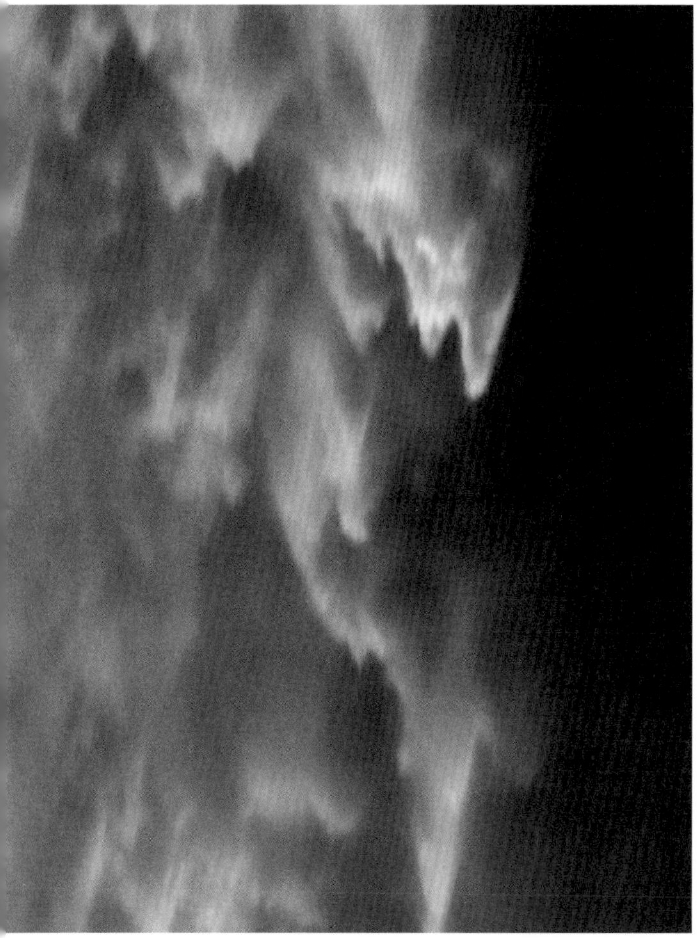

▲ Durch die fallenden Wassermassen des Seljalandsfoss entstehende Gischtformationen, Island, 2025

▲ Unter dem Wasserfall sammeln sich in einem natürlichen Becken die Wassermengen und fließen dann in einem Flusslauf ab, Seljalandsfoss, Island, 2025

Mit dem Heißluftballon über die winterlichen Rocky Mountains
im Norden Kanadas. Zugefrorene Seen prägen das Bild, 1996

Blick über den Yukon River und die Berge
der Rocky Mountains bei Whitehorse, Kanada, 1996

▲ Blick auf den träge dahinfließenden Fluss Jangtsekiang, von einer Tempelanhöhe fotografiert, China, 2008

◄ Ein Passagierboot auf dem Jangtsekiang während der Fahrt in die Drei-Schluchten-Passage. Der Jangtsekiang ist der längste Fluss Chinas, er erstreckt sich über 6.300 Kilometer, 2008

▲ Eine Anwohnerin verkauft am Ufer des Jangtsekiang Fisch und Gegrilltes. Im Hintergrund liegt ein für die Region typischer Passagierdampfer am Anlegesteg, China, 2008

Der Drei-Schluchten-Damm in der chinesischen Provinz Hubei.
Der weltgrößte Damm ist unter ökologischen Aspekten umstritten,
da mehrere Dörfer wegen des Baus geflutet werden mussten, China, 2008

U-434 im Hamburger Hafen. Das russische U-Boot
von 1976 wurde 1995 außer Dienst gestellt und dient
heute als Museumsschiff, Hamburg, 2009

▲ Tauf- oder Waschzeremonie in einem Tempel in Delhi, Indien, 2007

► Großer Andrang: Im Becken eines Tempels reinigen sich gläubige Inder die Füße oder waschen ihre kleinen Kinder, Delhi, Indien, 2007

Eine Kuh wird nahe Luxor in einer Feluke über
den Nil befördert. Diese niltypischen Boote gibt es
seit Hunderten von Jahren in Ägypten, 1996

Futter ist knapp: Zwei magere Kühe stillen am
Ufer des Nils ihren Durst, Ägypten, 1996

Als Humboldt und Bonpland ihre große Reise den Orinoco hinauf fortsetzten, paddelte ihre indianische Mannschaft häufig mehr als zwölf Stunden in glühender Hitze. Die Strömung war stark und der Fluss zunächst gut vier Kilometer breit. Doch drei Wochen nach Beginn ihrer Reise und nach zehn Tagen auf dem Orinoco verengte sich der Fluss. Sie näherten sich den Wasserfällen von Atures und Maypures. Hier, mehr als 800 Kilometer südlich von Caracas, zwängte sich der Orinoco, umgeben von riesigen, dicht bewaldeten Granitbrocken, in kleine Flusspassagen von knapp 150 Metern Breite durch eine Bergkette. Über eine Strecke von etlichen Kilometern stürzte das Wasser brüllend und wirbelnd über Hunderte von Felsstufen hinab, wobei ein dichter Dunst aufstieg, der ständig über dem Fluss hing. Die Felsen und Inseln waren üppig mit tropischen Pflanzen bedeckt. Es waren „großartige Naturszenen", schrieb Humboldt. Magisch, aber auch gefährlich.

Aus: Andrea Wulf, „Alexander von Humboldt und die Erfindung der Natur"

Ein Indigener überquert mit seinem Auslegerboot einen Fluss in Sri Lanka, 1998

▲ Fischer in der Lagune von Alentejo, für den Fang nutzen sie traditionelle Netze, Portugal, 2008

◄ Im Binnenland der Südinsel von Neuseeland fließen sogenannte Creeks über steiniges Gelände, 2000

▲ Der nächtliche Nil bei Kairo, Ägypten, 1996

◄ Die Speicherstadt im Hamburger Hafen, im Hintergrund die Elbphilharmonie. Der historische Lager- und Handelsplatz der Hansestadt gilt seit 2015 als UNESCO-Welterbe, 2018

▲ Landarbeiter bei seiner Mittagspause
am Po, mit 652 Kilometern der längste Fluss
Italiens, 2014

► Am Ufer des Po, hier bei Busseto.
Der Fluss ist eingebettet in die gleichnamige,
heiße flache Ebene, Italien, 2014

3

ZUR FREUDE DES MENSCHEN

SEEN UND TEICHE

▲ Vorherige Seite:
Vulkanischer Kratersee auf Island, 1996

► Sonntägliche Freizeit am Sukhna-See
in Chandigarh im Norden Indiens, 2007

405
390
380

Ein ruhiger Vormittag in einem
noch wenig besuchten Biergarten,
Rorschach am Bodensee, 2017

Abkühlung an einem heißen Sommertag
auf und in dem Wasser des Eibsees am Fuß
der Zugspitze, Bayern, 2024

Auch in Delhi ist Bootfahren ein beliebtes Freizeitvergnügen. Hier: Familien mit Ruderbooten vor dem Triumphbogen India Gate, Indien, 2007

Hotelpool in Singapur, mit Blick auf den Hafen und einigen auf Reede liegenden Schiffen, 2009

In der Blue Lagoon bei Grindavik im Süden der Insel genießen Badende die heißen Thermen, Island, 2025

▲ Lesen im Pool. Auf der Dachterrasse eines Hotels in Colombo mit Blick auf das Meer, Sri Lanka, 2006

▲ Zwei Touristen machen mit ihren Handys Aufnahmen im flachen Wasser der Partnach. Der Gebirgsfluss mündet hier direkt in die Partnachklamm, Bayern, 2024

◄ Warme Thermalquelle in Thailand. Aufgrund der angenehmen Wassertemperatur sind die Thermalquellen bei Jung und Alt beliebt zur Entspannung, 1998

▲ Sturmschäden infolge eines Unwetters auf der Ostsee bei Skelde, Dänemark, 2024

► Am steinigen Ufer von Loch Ness bei heftigem Sturm und aufgewühlter See, Schottland, 2004

Landmannalaugar. Die Region im wilden Hochland von Island ist geprägt durch Gletscherflüsse und urzeitliche Gebirgsformationen, 1996

▲ Ein aus Gletscherwasser entstandener See vor der Küstenstadt Höfn im Südosten von Island, 2025

► Gletscherabflüsse des Mýrdalsjökull-Gletschers, der den Katla-Vulkan bedeckt, nahe Vík í Mýrdal im Südosten Islands, 2025

◄ Hintersee. Der Bergsee bei Berchtesgaden ist bekannt für sein glasklares, smaragdgrünes Wasser und die typischen baumbewachsenen Felsen, Bayern, 2025

▲ Hintersee. Aufgrund des stetigen Zustroms von kaltem Gebirgswasser ist der See sehr sauber, Berchtesgaden, Bayern, 2025

▲ Königssee. Das berühmte Echo und die Kapelle St. Bartholomä machen den bayerischen Gebirgssee legendär. Seine tiefste Stelle liegt bei 250 Metern, 2025

▲ Sturm über dem Bodensee bei Ravensbrück, Oberschwaben, Allgäu, 2018

► Regenwolken über dem abendlichen Schiedersee, einem Stausee im Weserbergland, Hessen, 2024

4

LEBENSELIXIER

REGEN UND GRUNDWASSER

▲ Vorherige Seite:
Boddensteine in der Ostsee auf Usedom, 2002

▲ Schweres Gewitter über der Nordsee und Helgoland, 2022

► Aufziehendes Gewitter in der Lübecker Bucht, Ostsee, 2000

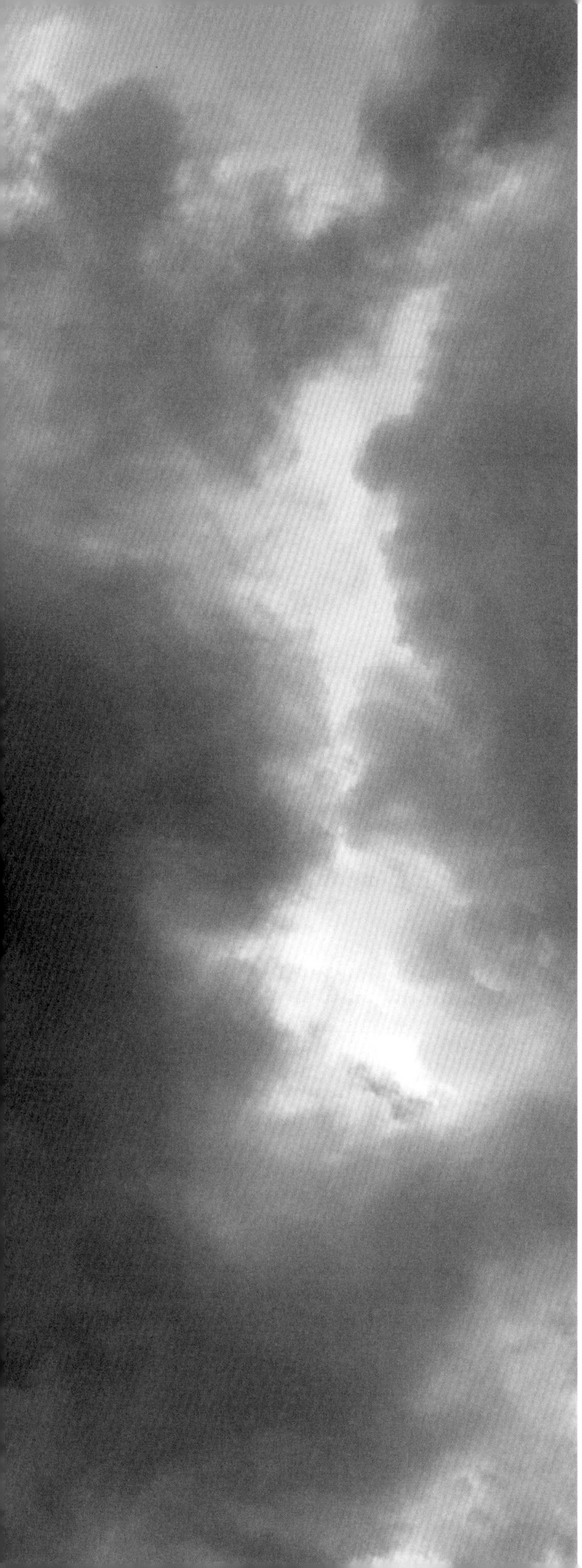

▲ Auch im Sommer kann das Wetter schnell umschlagen, selbst wenn die See hier noch recht ruhig ist, Haffkrug, Ostseeküste, 2020

◄ Wolkenformation über Schleswig-Holstein, 2024

▲ Brandungsgischt vor der Ostseeinsel Fehmarn, Deutschland, 2024

► Hoch aufgetürmte Regenwolken: Niederschlag über dem Hafen der Nordseeinsel Helgoland, 2022

▲ Hochwasser im Hamburger Hafen, hier beim St. Pauli Fischmarkt, ist stets auch ein Ereignis für Schaulustige, 2023

► Land unter auf St. Pauli, hier im Hamburger Hafen vor der Fischauktionshalle, 2023

Die Yerebatan-Zisterne, gebaut zwischen
532 und 543 n. Chr, liegt westlich der Hagia Sophia
in Istanbul. Sie dient dazu, Wasser für die
Bewohner der Stadt zu speichern, Türkei, 2009

▲ Schwarzer Lavasand am Strand vom Kleifarvatn, einem großen See auf der Reykjanes-Halbinsel im Südwesten von Island, 2025

► Starker Regenfall vor dem Festland nahe Korcula, Adriatisches Meer, Dalmatien, 1997

▲ Kleiner Weiher im Duvenstedter Brook, Hamburg, 2024

◄ Das Wittmoor im Hamburger Stadtteil Lemsahl-Mellingstedt. Das Hochmoor ist ein Biotop für zahlreiche im und am Wasser heimische Tierarten, 2023

Die stark überflutete Alster im Winter, hier noch
als kleiner Fluss bei Nahe, Schleswig-Holstein, 2023

Mittelalterliche Wasserburg in Burgsteinfurt, vorne ein Teil
des Burggrabens mit Seerosen, im Hintergrund der Mond, 2021

5

INSPIRATIONSQUELLE

WASSER IN DER KUNST UND LITERATUR

▲ Vorherige Seite:
Geothermie mit dem Leuchtturm Reykjanesviti, dem ältesten Leuchtfeuer Islands, auf der Reykjanes-Halbinsel im Westen der Insel, 2025

► Palazzo Franchetti am Canal Grande in der Lagunenstadt Venedig, im Hintergrund die Kirche Santa Maria della Salute, 2005

lino tagliapietra
diScienzeLettere
edArti

Venezianische Gondeln vor San Marco.
Ein Gondoliere wartet auf Fahrgäste, Venedig, 2005

Der Dogenpalast vom Markusturm (italienisch Campanile di San Marco) aus fotografiert, Venedig, 2005

▲ Der Palazzo Vendramin-Calergi am Canal Grande.
Hier lebte und arbeitete Richard Wagner längere Zeit
bis zu seinem Tod im Jahr 1883, Venedig, 2005

Die winterliche Salzach mit eiserner Brücke, im Hintergrund die Mozartstadt Salzburg und die Festung Hohensalzburg, 2008

Der berühmte Kreidefelsen am Königsstuhl auf
der Insel Rügen. Das heutige UNESCO-Weltnaturerbe
diente bereits dem Maler Caspar David Friedrich
als Motiv, 1998

▲ Sturmflutmauer an der Nordseite von Helgoland, Nordsee, 2022

► Meeresvögel über der Nordsee bei bewegter See, Helgoland, 2022

ELKE HEIDENREICH

OHNE WASSER KEIN LEBEN

Die Vorstellung, dass es heute, im 21. Jahrhundert, geschätzte zwei Milliarden Menschen ohne verlässlichen Zugang zu sauberem Wasser gibt, erschüttert mich. Das Selbstverständlichste, das Lebensnotwendigste (außer der Luft) ist für sie kaum zu erreichen? Es sollte, es müsste doch ein Menschenrecht sein – jederzeit Zugang zu sauberem Wasser.

Aber die Wahrheit ist: Dieser Zugang zum Wasser, so einfach wie bei uns, die wir nur den Hahn aufdrehen müssen, der ist in der Menschheitsgeschichte ganz unerhört neu und modern. Jahrtausendelang wurde Wasser geschleppt, von Quellen und Flüssen, und nicht nur im Volkslied liegen die „Brunnen vor dem Tore", weil sie außerhalb der kanalisationslosen Städte klar blieben und nicht verdreckt wurden. Jeden Tag mussten die Städter dort ihr Wasser holen, und da trafen sich dann auch all unsere Märchenfiguren – Wanderer, Liebende, Königstöchter mit Fröschen, Allerleirauh und der Eisenhans – sie alle mussten Wasser schöpfen und schleppen, am Brunnen vor dem Tore, beim Lindenbaum.

Heiner Geißler, mit dem ich politisch wahrlich nicht auf einer Linie lag und der mir doch jahrelang ein lieber Freund und Partner am Klavier war, vierhändig Schubert, die launische Forelle im glasklaren Wasser haben wir gespielt und gesungen, Heiner sagte mir vor vierzig Jahren: *„Du wirst sehen, eines der größten Probleme der Zukunft wird sauberes Wasser sein."*

Sollte er recht haben? Und stimmt es, dass es auf der Erde kein wirklich sauberes Wasser mehr gibt?

Trockenrisse, Straße in Nordrhein-Westfalen, 2012

Schon Thales von Milet, der griechische Philosoph, sah im Wasser den Urstoff allen Seins, und in der Tat entsteht ja wohl Leben nur da, wo Wasser ist – und wo kein Wasser ist – Tod? Wüste? Die Metapher Wasser begleitet mich seit der Kindheit natürlich auch in Liedern, Gedichten, in der Literatur, die mir zur Liebe und zum Beruf wurde.

„Das Wandern ist des Müllers Lust", sangen wir Kinder auf dem Schulausflug, und in der zweiten Strophe:

„Vom Wasser haben wir's gelernt, vom Wasser.
Das hat nicht Ruh bei Tag und Nacht,
ist stets auf Wanderschaft bedacht,
das Wasser! Das Wasser!"

Die Gebrüder Grimm erzählen das Märchen *Das Wasser des Lebens*, in dem der kranke alte König nur durch das Wasser des Lebens gerettet werden kann, das in einem ganz besonderen verwunschenen Brunnen entspringt – sein jüngster Sohn findet es und heilt den Vater. Durch die Taufe kommen wir als Kinder mit gesegnetem Wasser in Berührung, Weihwasser oder rituelle Bäder haben in fast allen Religionen eine große Bedeutung, und in unseren ersten Märchen und Liedern wandert das Wasser immer mit: Da ist der wilde Wassermann, der uns in die Tiefe zu ziehen droht, die verzauberte Wassernymphe klagt um die verlorene Liebe, Undine heißt sie, in ihrem Namen schwingt *onda*, die Welle, mit, und in Erzählungen und Opern ist ihr Liebesleid verewigt. An der blonden Loreley, die sich oben auf dem Felsen kämmt und die Fischer bezirzt, interessiert uns am meisten, dass die Fluten am Ende Fischer und Kahn verschlingen. Wie können sie das, einfach so? Wasser kann eben! Einfach so!

Durch unsere Sprache geistern die Metaphern: Da ist einer mit allen Wassern gewaschen, während ein anderer kein Wässerchen trüben kann. Da können wir jemandem das Wasser nicht reichen, haben wir deshalb so nah am Wasser gebaut? Stille Wasser, wir

Strandbesucher bei Kampen erleben hautnah den
stürmischen Wind und die starke Nordseebrandung, Sylt, 1996

wissen es, sind tief, und es geht noch viel Wasser den Rhein runter, ehe wir mit dem Strom schwimmen. Manchmal läuft uns das Wasser im Mund zusammen, und manchmal steht uns das Wasser verdächtig in den Augen, aber gute Argumente sind Wasser auf unsere Mühlen, und wir wissen: Blut ist immer dicker als Wasser. Wenn wir zu lange im Trüben fischen, steht uns mitunter das Wasser bis zum Hals, und dann geht irgendwann alles den Bach runter. Und Herren mit Hochwasserhosen (die vielleicht sogar im Freien ihr Wasser abschlagen!?) haben bei uns keine Chance ....!

Das Wasser steht für Gefahr, es kann uns verschlingen, herabziehen, aber immer steht es auch für Sehnsucht, für das Ewige, das Fließen, das sich immer wieder Erneuern. Am Anfang ist die Quelle, Ursprungsort des Wassers, Sinnbild für Erneuerung und Aufbruch. Der Quelle entspringt der noch muntere Bach, und der wird zum Fluss und strömt zur Mündung, zur Erfüllung hin, zum Ende. Wie unser Leben.

Wasser ist in all seinen Erscheinungsformen immer reichlich mit Symbolen und Mythen aufgeladen. Und es steht auch für Tod – nicht nur Loreleys Fischer versinken, auch Ophelia geht ins Wasser, die schöne Wasserleiche ist ein oft gebrauchter literarischer Topos. Die Rheintöchter trauern am Grund des Rheins dem Rheingold nach, das ihnen der Nibelung gestohlen hat, und die schönen Melusinen der verlorenen Liebe, und die singenden Sirenen lassen ganze Schiffsladungen mit Helden absaufen. Wasser strömt und braust, fließt, rieselt und donnert durch die Literatur und das Leben. Und immer steht es nicht nur für unsere Lebensreise, sondern auch für unsere Gefühle – mal als stiller See, mal als Fluss, der über alle Ufer tritt, mal als das unendlich große Meer. Und Wasser ist ja nicht nur Wasser - es ist auch Eis und Dampf, Schnee, Regen und Welle, und unsere Tränen sind das Wasser, das direkt aus der Seele kommt. Menschen, die mit Raketen durchs All fliegen oder auf Raumstationen arbeiten, dürfen nicht weinen – Tränen werden in der Schwerelosigkeit zu Geschossen, Wassertropfen zur Gefahr. Das Eis hat den Ötzi konserviert, wie lange? Man schätzt, 5.000 Jahre, und das Wasser hält auf dem Meeresgrund die Gerippe gesunkener Schiffe fest. Die TITANIC galt als unsinkbar. Das Meer hat das nicht gewusst.

Ob Mythos oder Märchen, Literatur oder Wissenschaft: Immer ist Wasser neben Luft unser wichtigstes Lebenselement, unverzichtbar, ewig, ohne Wasser sind wir: NICHT. Der Mensch hat Wasser immer schon zum Antrieb genutzt – für die Mühlräder etwa, die das Mehl fürs tägliche Brot mahlten, er hat Dämme gebaut und das Wasser aufgestaut, um seine Kraft zu nutzen, er hat versucht, sich die Elemente – Feuer, Wasser, Erde, Luft – untertan zu machen: So ganz ist es ihm nie gelungen.

Goethes *Zauberlehrling*, der das Wasser nicht mehr bändigen kann, hat uns früh schon Angst gemacht:

„Walle! walle
Manche Strecke,
Daß, zum Zwecke,
Wasser fließe
Und mit reichem, vollem Schwalle
Zu dem Bade sich ergieße."

So weit, so gut, was aber, wenn der dumme Lehrling das Wasser nicht mehr bändigen kann? Dann zeigt es seine tödliche, seine alles verschlingende Kraft – in den letzten Jahren haben wir das voller Schrecken bei vielen großen Überschwemmungen beobachten können –, idyllische kleine Bächlein werden zu gefährlichen, alles verschlingenden Urgewalten, ja, das Wasser kann mörderisch werden.

Das alles lernen wir schon früh kennen. Im Bächlein helle schwimmt die launische Forelle und im großen Meer jagt Kapitän Ahab den Wal Moby Dick und kommt dabei ums Leben. Herman Melville hat den Menschen nicht nur in *Moby Dick* mit dem Meer kämpfen lassen – sein mehr als tausendseitiger Roman *Mardi* spielt komplett in der Südsee und

▲ Schwere Atlantikbrandung bei Dyrhólaey im Südwesten Islands. Die langen schwarzen Strände sind geprägt von der Wucht des Meeres, 2025

► Brandungsgischt am südwestlichen Ende von Reykjanes. Auf der dünn besiedelten Halbinsel kommt es häufig zu stärkeren Vulkanausbrüchen, Island, 2025

handelt von Mensch, Wasser, Abenteuer – ein gigantischer Lebensreiseroman, in dem das Wasser die Hauptrolle spielt. Das Meer ist letztlich unbezwingbar, wir halten es lieber mit den überschaubareren Flüssen und singen Lieder vom Vater Rhein und der schönen blauen Donau, und am Wolgastrand steht ein Soldat, hält Wache für sein Vaterland und klagt einsam und weinend den Herrn im Himmel an:

„Hast du droben vergessen auf mich?"

Bedřich Smetana lässt *Die Moldau* zu Musik werden, eines der berühmtesten Stücke auf den Spielplänen. Claude Debussy schrieb zu Beginn des 20. Jahrhunderts seine sinfonische Dichtung *La Mer* mit den Satzbezeichnungen *Morgengrauen bis Mittag auf dem Meer, Spiel der Wellen* und *Dialog zwischen Wind und Meer.* Georg Friedrich Händel komponierte eine *Wassermusik,* Chopin schrieb sein *Regentropfen-Prélude,* und auch in der Popmusik wurde und wird das Wasser besungen – etwa von Bruce Springsteen in *The River* oder von Deep Purple, *Smoke on the Water.* Und Chris de Burgh warnt davor, den Fährmann zu bezahlen, der einen über den Totenfluss Styx zum Hades fährt, *Don't Pay the Ferryman!*

Die Flüsse stimmen immer melancholisch mit ihrer unendlichen Reise. Da fragt man schon mal nach Sinn und Ewigkeit. Wilhelm Müller dichtet vom Bächlein, das er rauschen hört und das ihn mit fortreißt, nur immer fort, mit dem Bächlein hinweg wandern. Durch die Lieder ziehen die Flüsse, wir wissen, dass unsere erste Hochkultur im Zweistromland Mesopotamien zwischen Euphrat und Tigris entstand, als sich erstmals Menschen dauerhaft niederließen – man nimmt an, das könnte im elften Jahrtausend vor Christus gewesen sein. Die Flüsse boten mit Wasser und fruchtbarem Land die Möglichkeiten dazu.

Durch die Romane geistern die Meere, Hemingways Kurzroman *Der alte Mann und das Meer,* in den 1950ern auf Kuba geschrieben, erzählt vom Kampf des Fischers Santiago mit einem riesigen Fisch – der Fischer gewinnt, aber das Meer siegt über den Fischer. Es ist ähnlich wie bei Melvilles *Moby Dick,* in dem Kapitän Ahab mit dem Wal kämpft. Das

Meer gewinnt immer, und ewig stehen die Königskinder am Ufer, *„denn das Wasser war viel zu tief"*, das wird nichts mit der Liebe. Und auf dem Nil treibt Moses im Strohkörbchen vor sich hin, später ist er es, der das Meer teilt, damit das Volk Israel trockenen Fußes hindurchgehen kann. In der Bibel begegnet es uns immer wieder, das Wasser. Gott schuf Himmel und Erde und schied das Wasser von der Erde, *„damit das Trockene sichtbar werde"*. Und weil es mit dem Menschen und der Erde nicht gut weiterging, schickte er die Sintflut, das erste Buch Mose erzählt davon – es regnete vierzig Tage und vierzig Nächte, Erde und Berge verschwanden im Wasser, und nur Noahs Arche schwamm oben, bis wieder Land in Sicht kam. Die Sintflut war sozusagen der Widerruf der Schöpfung, die Rückkehr des Chaos – und am Ende: gerade noch mal gut gegangen! Für wie lange? Der Klimawandel lässt die Meere steigen, langsam, aber unaufhaltsam. Die nächste Sintflut?

Wasser spielt überall in der Bibel eine große Rolle, das Symbol für Leben, Werden und auch Verschwinden. Jesus konnte, wir wissen es, übers Wasser gehen, und in Matthäus 14 Vers 29 fordert Jesus sogar Petrus auf, übers Wasser zu laufen und zu ihm aufs Schiff zu kommen, und als Petrus es ängstlich versucht und natürlich (?) dabei absäuft, beklagt Jesus ihn als Ungläubigen. Also nur fest dran glauben, dann können wir übers Wasser gehen? Da bin ich mir nicht so sicher, und sehr komisch finde ich die Pointe des Kabarettisten Konrad Beikircher, der beim Anblick von Fischen in einem Aquarium versonnen sagt: *„Ganzen Tag unter Wasser – könnt' ich nicht."*

Das auf dem Wasser treibende Schiff ist seit der Geschichte von der Arche Noah und der Sintflut das Symbol für Schutz und Rettung, das Schiff gibt den Kurs fürs Leben an, und doch wird bei den literarischen Bildern vom Meer der Schiffbruch immer gleich mitgedacht. Ich bin einmal mit dem Schiff von Europa nach Amerika gefahren, um wieder ein Gefühl für die Entfernung der Kontinente zu bekommen, das sich beim Fliegen nicht einstellt. Aber ich habe vor allem ein Gefühl für die Größe des Atlantiks bekommen – sieben Tage und sieben Nächte nur Wasser, kein Land, schier unendliche Tiefe unter uns, das

Verwittertes trockengelegtes Holzboot am Ufer
des Toten Meeres in der Nähe von Mount Sodom, Israel, 1985

macht auch Angst, das erzeugt Hilflosigkeit. Und ein Schiff bietet nicht wirklich Schutz, es ist verletzlich, wir wissen das nicht erst seit der TITANIC, und in der Gegend von Neufundland wurde auch unsere Überfahrt verdammt ungemütlich. Ich habe noch dazu damals John Griesemers Roman *Rausch* dabeigehabt – er erzählt die Geschichte der dramatischen Verlegung des ersten Transatlantikkabels auf dem Meeresboden, eine unfassbare Geschichte von Mut und Scheitern, aber letztlich: vom Erfolg. Tief da unten lagen sie schließlich, die Kabel, und sorgten für die Kommunikation zwischen den Kontinenten.

Joseph Conrad, der die menschliche Seele im Meer zu ergründen versuchte, schreibt in *Der Spiegel der See*:

„Wer das Alter der Erde erfahren will, der schaue bei Sturm auf die See. Das Grau dieser unermesslichen Oberfläche, die Windfurchen auf dem Antlitz der Wogen, die riesigen Massen hin und her geschleuderter wallender Gischt, die weißem Greisenhaar gleichen, lassen die See im Sturm ehrwürdig, alt, glanzlos, matt und stumpf erscheinen, als wäre sie noch vor der Schöpfung des Lichts erschaffen worden."

Der Schriftsteller John von Düffel ist ein leidenschaftlicher Schwimmer, in all seinen Erzählungen und Romanen spielt das Wasser eine große Rolle, er versucht, uns die Faszination zu erklären, wenn er zum Beispiel im Winter im Eiswasser schwimmt: *„Ich senke den Kopf ins Wasser und kraule los, das Stechen an den Schläfen geht von Ohr zu Ohr. Die Kälte schließt sich um meine Stirn, hält sie fest umklammert und drückt zu, drückt sie zusammen, aber die Angst kommt nicht zurück, (...) ich tauche ein in Salz und Eiswasser wie in Schlaf."* Es ist sein Lebenselixier, das Wasser, immer wieder beschreibt er, wie es fließt, aussieht, wie es riecht, was es mit ihm macht, er vergleicht sogar sein manisches Schwimmen mit dem Schreiben in *Wasser und andere Welten*:

„Ich ziehe Parallelen zwischen der Endlosigkeit des glatten, kachelblauen Wassers vor dem Startsprung und den langen Strecken weißen Papiers am Anfang eines Romans. Ich

vergleiche den berühmten ersten Satz mit dem Moment, in dem ein Schwimmer zum ersten Mal spürt, wie das Wasser geht. Es ist der Augenblick, in dem man die Geschichte unter den Händen spürt und plötzlich weiß, wie sich die bevorstehende Strecke dem Rhythmus von Atem und Bewegung fügen will. Alles ist darin enthalten, auch die Angst vor der Erschöpfung und das Gefühl des Angewiesenseins auf eine Gunst, die größer ist als man selbst."

Von Düffels immer wiederkehrendes Credo, das auch seinem Roman *Vom Wasser* voransteht, lautet: „*Wir kehren immer wieder zum Wasser zurück.*" Aber, schreibt er, im Wasser nie die Strandlinie aus den Augen lassen!

Genau das aber ist dem amerikanischen Schauspieler Spalding Gray passiert, der in Kambodscha 1984 bei Roland Joffés Film *The Killing Fields* dabei war, einem Film über den Völkermord Pol Pots an seinem eigenen Volk. Um sich von all dem Grauen zu befreien, schwimmt Gray eines Tages weit raus ins haiverseuchte Meer, zu weit. „*Ich war so weit draußen – wegen des Blicks auf die Küstenlinie wusste ich, dass ich noch nie in so einer Situation gewesen war. Plötzlich spielte Zeit keine Rolle mehr, keine Angst, und kein Körper, der gebissen werden konnte. Keine Konturen mehr. Nur ein einziger großer Ozean. Mein Körper war mit dem Ozean verschmolzen.*" *Hinterher sagt er:* „*Ich wusste, dass ich einen perfekten Augenblick gehabt hatte.*" Der perfekte Augenblick in einem gefährlichen Wasser in Todesnähe – und doch hat ihn das Wasser irgendwie getröstet, umfangen, gerettet. Ihm die Angst genommen. Er schreibt darüber in seinem Buch *Nach Kambodscha schwimmen*, der 1985 erschien. Und mir fällt eine Erzählung von Edgar Allan Poe ein, in der Fischer in einen Strudel geraten, der sie hinabzieht, obwohl sie dagegen ankämpfen. Nur ein alter Mann kämpft nicht. Und er überlebt und beschreibt seine Gefühle, und die sind jenseits der Angst und voller Ergriffenheit vor der Größe der Natur: „*Ich begann mir Gedanken zu machen, welch herrliche Sache es doch sei, einen solchen Tod zu finden, und wie kindisch von mir, angesichts einer so wundersamen Offenbarung von Gottes Macht an ein so jämmerliches Ding wie mein eigenes bisschen Leben zu denken.*"

Ruhige, fast meditative Ostsee vor Scharbeutz, 2024

Auch hier: der perfekte Augenblick? Der kleine Mensch angesichts der Größe des Meeres mit sich im Einklang?

Das Meer, das die Gefühle beeinflusst – Ernst Jünger erinnerten die Wellen bei einem Spaziergang am Strand von Neapel an die Angriffswellen im Ersten Weltkrieg, Uwe Johnson steht in New York am Wasser und sehnt sich nach seiner Ostsee, Sehnsuchts- und Rückzugsort, und kaum ein Roman von Günter Grass oder Thomas Mann, in dem das Meer nicht vorkommt. Wir wissen, wie viele Jahre Odysseus gegen das Meer kämpfte, aber im Grunde war es nicht das Meer – es waren die Launen der Götter, die ihn mal hierhin, mal dorthin warfen. Er und seine Schiffe sind den Elementen ausgeliefert, es sind die Götter, die bestimmen, ob das gut ausgeht oder nicht. Der Mensch hat dabei nichts zu sagen. Odysseus fährt zunächst mit zwölf Schiffen übers Meer, zehn Jahre lang, verliert nach und nach alle Gefährten und kämpft mit dem grausamen Gott des Meeres, Poseidon, der ihn immer wieder in die Tiefe ziehen will – Symbol für unseren Kampf mit dem Leben. Mut zeichnet den Seefahrer aus, Ausdauer und Melancholie halten sich die Waage, wenn der Mensch nicht Schiffbruch erleiden will.

Das Wasser gibt Leben und verschlingt Leben, aber das ganz stille Wasser kann genauso furchterregend sein wie das ganz wilde – Goethe hat sich oft in seinen Texten mit dem Wasser beschäftigt, am schönsten vielleicht im *Gesang der Geister über den Wassern*, einem Gedicht mit sechs Strophen, das er 1779 während seiner zweiten Schweizreise schrieb und in dem es in der ersten Strophe heißt:

„Des Menschen Seele
Gleicht dem Wasser:
Vom Himmel kommt es,
Zum Himmel steigt es,
Und wieder nieder
Zur Erde muss es
Ewig wechselnd."

Und dann beschreibt er das Spiel zwischen Wasser und Wind, um am Ende zu resümieren:

„Seele des Menschen,
Wie gleichst du dem Wasser!
Schicksal des Menschen,
Wie gleichst du dem Wind!“

Nicht nur die Seele – wir wissen es ja: Der ganze Mensch besteht zum großen Teil aus Wasser.

Hugo von Hofmannsthals *Reiselied* warnt:

„Wasser stürzt, uns zu verschlingen,
rollt der Fels, uns zu erschlagen ...“.

Also, aufgepasst beim Wandern, es ist nicht wirklich romantisch! Hermann Hesse, Rainer Maria Rilke, Conrad Ferdinand Meyer – sie alle und viele andere haben in ihren Gedichten Brunnen beschrieben, aufsteigende und niederfallende Wasser, das Symbol für unser zunächst aufsteigendes, dann niedergehendes Leben. So beschreibt zum Beispiel Conrad Ferdinand Meyer 1882 einen Springbrunnen im Park der römischen Villa Borghese:

„Aufsteigt der Strahl und fallend gießt
Er voll der Marmorschale Rund,
Die, sich verschleiernd, überfließt
In einer zweiten Schale Grund;
Die zweite gibt, sie wird zu reich,
Der dritten wallend ihre Flut,
Und jede nimmt und gibt zugleich
Und strömt und ruht.“

Wenn das Wasser gar von oben kommt, als Regen, ach, dann versinken wir alle in bleigrauer Einsamkeit:

▲ Wasserschnellen. Durch einen Schiffspropeller aufgewühltes Wasser und rotierende Strömung, 2025

◄ Auf Fallhöhe mit dem Gullfoss-Wasserfall im Südosten Islands, 2025

„Die Einsamkeit ist wie ein Regen.
Sie steigt vom Meer den Abenden entgegen",

dichtet Rainer Maria Rilke 1902 und schließt:

„... dann geht die Einsamkeit mit den Flüssen."

(nämlich dann, wenn bei trostlosem Regen zwei, die sich nicht lieben, in einem Bett zusammen schlafen müssen!)

Und Hermann Hesse dichtet 1901:

„Wie fremd und wunderlich das ist,
Dass immerfort in jeder Nacht
Der leise Brunnen weiterfließt,
Vom Ahornschatten kühl bewacht."

Die Natur und da vor allem das Wasser spielt eine große Rolle in Hermann Hesses Dichtungen, vor allem in seiner indischen Geschichte *Siddharta* aus dem Jahr 1922. Der junge Siddharta, ein Brahmanensohn, verlässt seine Heimat auf der Suche nach Weisheit, und er gerät in eine immer wildere Abwärtsspirale – erst an einem Flussufer kommt er zur Ruhe. Hesse schreibt:

„Zärtlich blickte er in das strömende Wasser, in das durchsichtige Grün, in die kristallenen Linien seiner geheimnisreichen Zeichnung. Lichte Perlen sah er aus der Tiefe steigen, stille Luftblasen auf dem Spiegel schwimmen, Himmelsbläue darin abgebildet. Mit tausend Augen blickte der Fluß ihn an, mit grünen, mit weißen, mit kristallnen, mit himmelblauen. Wie liebte er dies Wasser, wie entzückte es ihn, wie war er ihm dankbar! (...) Wer dies Wasser und seine Geheimnisse verstünde, so schien es ihm, der würde auch viel anderes verstehen, viele Geheimnisse, alle Geheimnisse."

Am Fluss sitzend, in Ruhe beobachtend, wird der rastlos suchende Siddharta zum Denker, zum ruhigen Zuhörer:

„Der Fluss lernt ihm, dass es keine Zeit gibt. Er lernt ihm das Zuhören, das Lauschen mit stillem Herzen, mit wartender geöffneter Seele, ohne Leidenschaft, ohne Wunsch, ohne Urteil, ohne Meinung."

Durch das lange Sitzen am Fluss begreift Siddharta, dass Ursprung und Mündung zusammengehören, dass das Leben der Fluss ist, auf dem wir schwimmen und er sinniert: *„… der Fluss hat viele Stimmen. Hat er nicht die Stimme eines Königs, und eines Kriegers, und eines Stieres, und eines Nachtvogels, und einer Gebärenden, und eines Seufzenden, und noch tausend andere Stimmen?"*

Dazu passt mein Lieblingszitat in Sachen Lebensweisheit, es stammt von Gottfried Benn, der in seiner Novelle *Der Ptolemäer* (1947) rät: *„Sich abfinden und gelegentlich auf Wasser sehn!"*

Das Murmeln der Flüsse – es zieht sich durch die Dichtung aller Jahrhunderte. Tom Krausz und ich sind den ganzen Rhein entlanggefahren und gewandert, von der Quelle (den Quellen!) bis zur Mündung (den Mündungen!), und wir haben festgestellt: Heraklit hat recht – *panta rhei*, alles fließt. Und dieses Fließen trägt uns, entspricht dem Rauschen unseres Blutes, wir kennen es, ohne uns zu erinnern, aus dem Fruchtwasser im Leib unserer Mutter, es tröstet, es ist ein ewiges, ein gutes Gefühl. ■

▲ Ruhiger Wellenschlag neben einem auf dem Rhein fahrenden Flusskreuzfahrtschiff, vor den Vogesen, 2017

► Begegnung eines Narrowboats und eines Fischkutters nahe der Schleuseneinfahrt bei Fort William, vom Loch Linnhe kommend, Schottland, 1998

VIC32

Unterwasseraufnahme in einem Gletscherfluss
bei Kirkjubæjarklaustur, Island, 2025

Laugharne. Haus des Dichters Dylan Thomas
am Watt von Laugharne, Südküste Wales, 2006

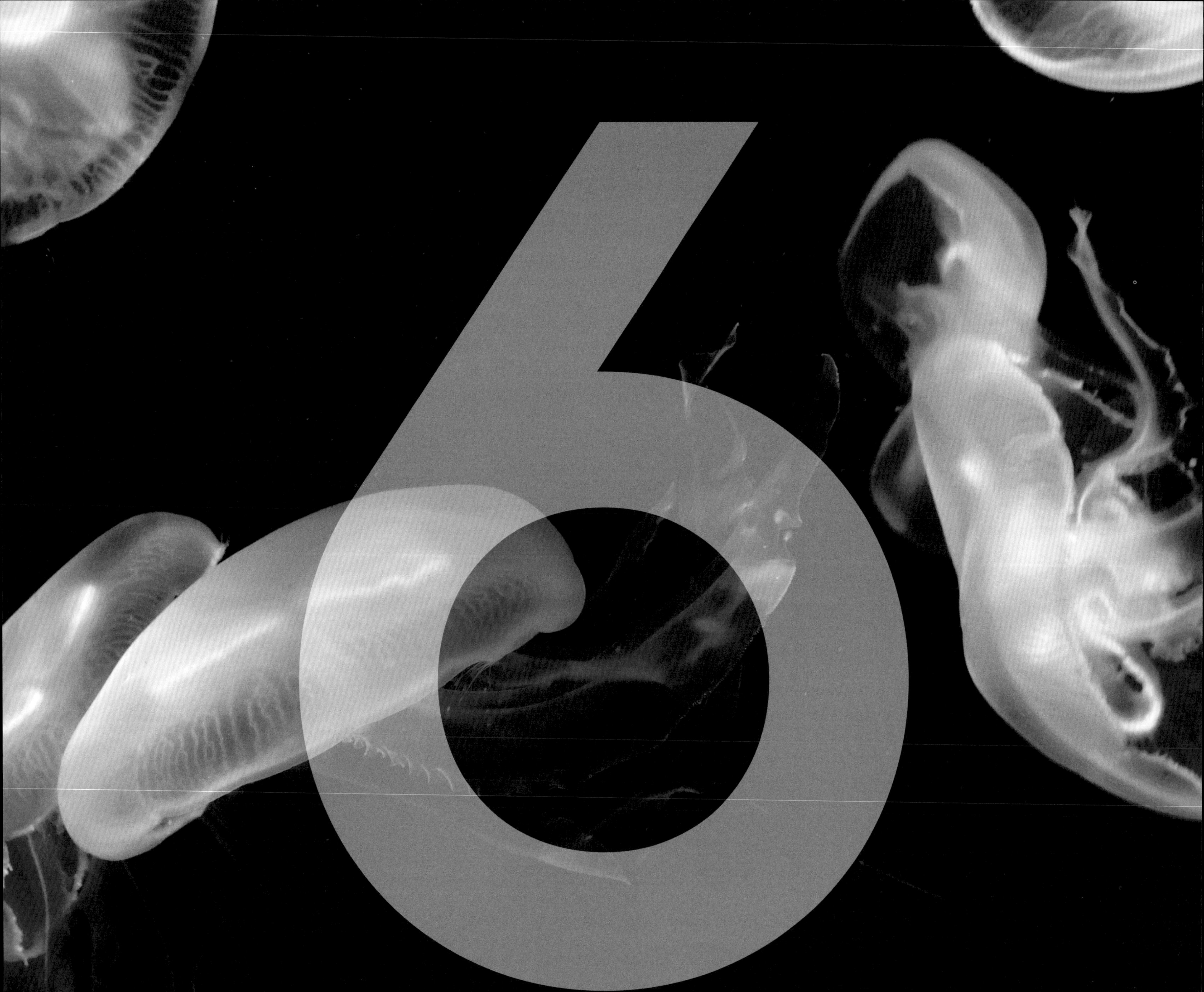
6

LEBENSRAUM

TIERE AM UND IM WASSER

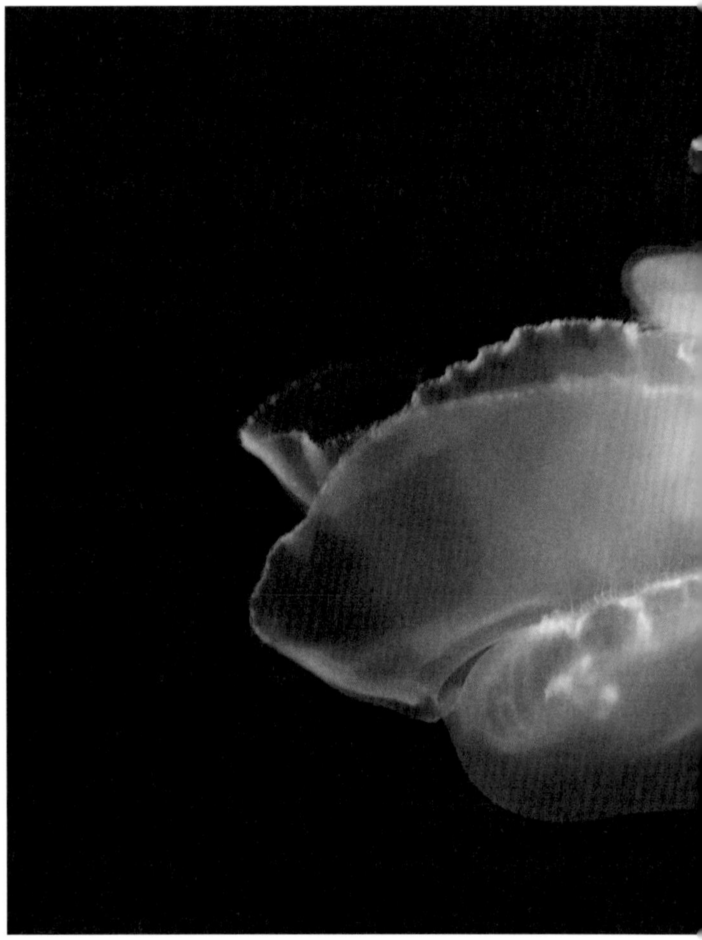

Vorherige Seite:
Ohrenquallen aus der Nordsee.
Die Meeresbewohner sind nahezu weltweit heimisch, 2025
(Tropenaquarium Hagenbecks Tierpark)

Langarmiger Seeigel, Nordsee, 2025
(SEA LIFE Timmendorfer Strand)

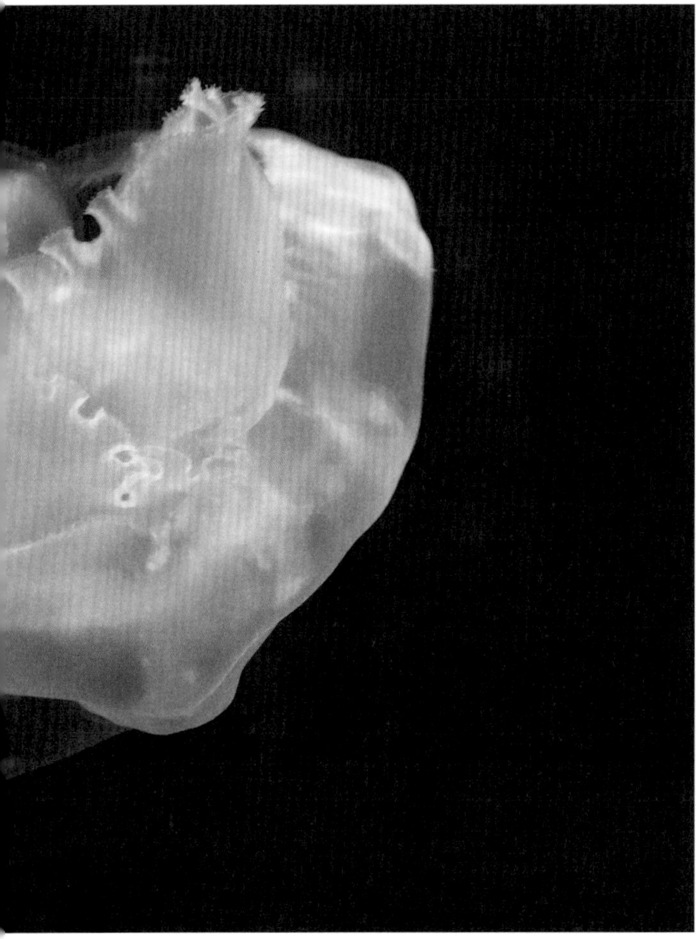

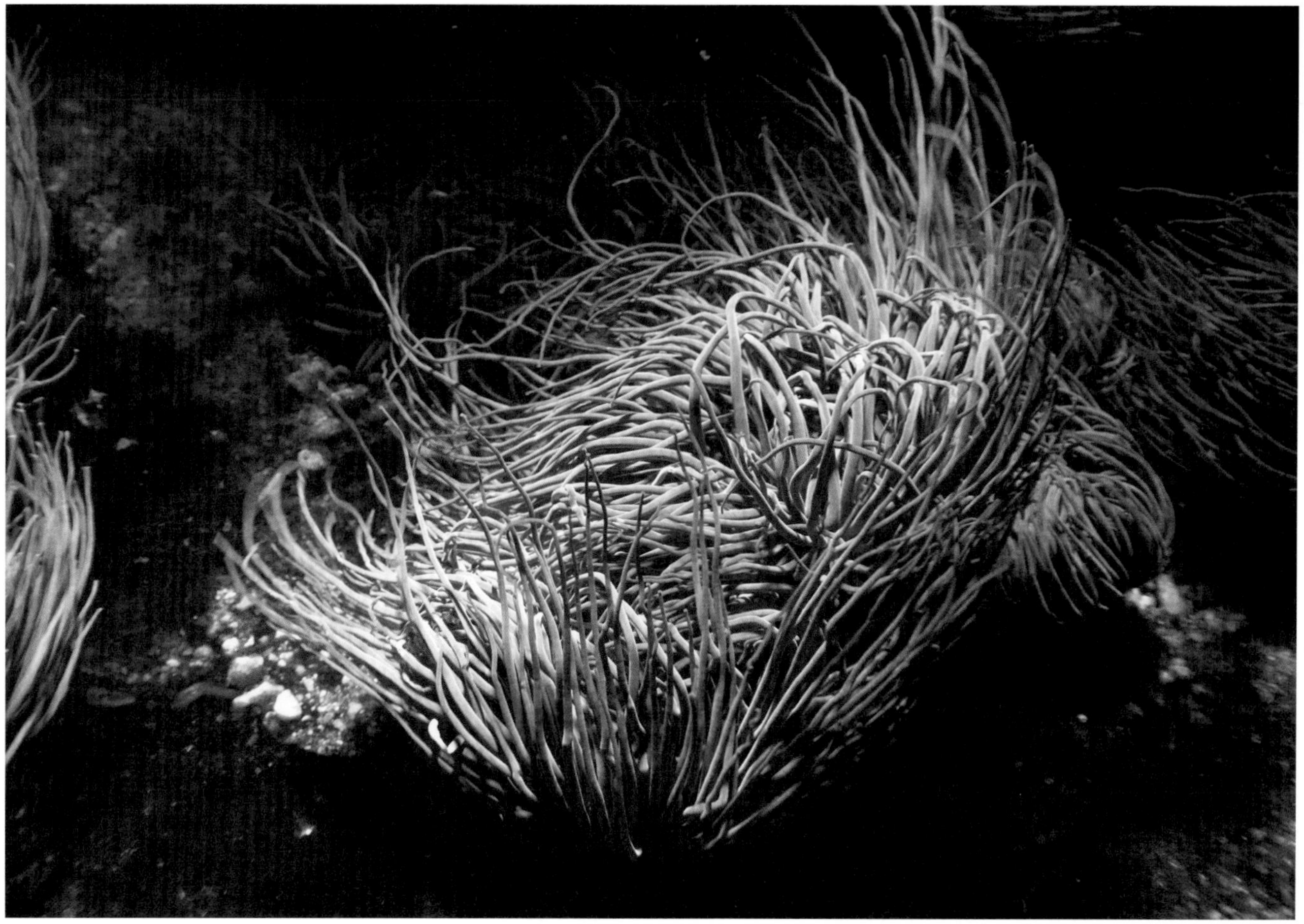

▲ Ohrenqualle. Der Name resultiert aus den dunkleren, ohrenähnlichen Strukturen, den Gonaden, in ihrem fast durchsichtigen Körper, 2025
(Tropenaquarium Hagenbecks Tierpark)

▲ Die Seeanemone, auch Wachsrose genannt, ist vor allem in Ufernähe zu finden, Nordsee, 2025
(Multimar Wattforum Tönning)

◄ Der Seestern zählt zu den häufigsten Nordseebewohnern, 2024
(Multimar Wattforum Tönning)

▲ Korallen gehören zur Familie der Nesseltiere. Sie bilden große Kolonien und sind in allen Meeren heimisch. Die Tiere sind sehr empfindlich in ihrem Habitat und durch die Erwärmung der Ozeane mittlerweile stark gefährdet, 2024
(Tropenaquarium Hagenbecks Tierpark)

▲ Junger neugieriger Seebär auf einer Galapagosinsel. Die Meeressäuger sind in ihrem Bestand stark bedroht, 1998

► Ein brüllender Seelöwe steckt sein Revier ab. Die Robbenart ist auf nahezu allen Galapagosinseln zu finden, Galapagos, 1998

▲ Am Strand von Phuket in Thailand. Unter Aufsicht eines Elefantenhüters (Mahout) nimmt ein mutiger Tourist ein Bad im Indischen Ozean mit einem jungen Elefanten, Phuket, 1998

► Die Gruppe indischer Elefanten des Elefanten-Waisenhauses von Pinnawela, Sri Lanka, nimmt ihr tägliches Bad im Fluss Maha Oja. Aufgenommen werden mutterlose Jungtiere aus dem Urwald oder auch verletzte, hilflose Tiere, Sri Lanka, 1998

◄ Albatros-Getümmel auf dem Meer. Die riesigen Seevögel können eine Spannweite von drei Metern erreichen und sind häufig mehrere Monate lang fliegend über den Weltmeeren unterwegs. Hier bei Slope Point an der Südküste Neuseelands, 2000

▲ Basstölpel über der Nordsee bei Helgoland. Die Vögel leben hier in großen Kolonien, die teilweise Tausende von Tieren umfassen, 2022

Kühe rasten am Ufer des Niederrheins
bei Kamp-Lintfort, 2018

Wasserbüffel am Nil. Das wertvolle Nutztier
wird von dem Kind einer am Flussufer lebenden
Familie beaufsichtigt, 1996

◄ Fransenschildkröte, auch Mata Mata genannt. Die Tiere sind im Süßwasser des Amazonasbeckens heimisch, 2024
(SEA LIFE Timmendorfer Strand)

▲ Der Große Rote Drachenkopf, auch Meersau genannt, ist ein träger Bodenfisch. Er ist überwiegend im Mittelmeer und im nordöstlichen Atlantik anzutreffen, 2023
(SEA LIFE Timmendorfer Strand)

▲ Der Pazifische Rotfeuerfisch kommt überwiegend im Pazifischen Ozean zwischen Malaysia und Japan vor. Er erreicht eine Größe von etwa 38 Zentimetern, 2024
(SEA LIFE Timmendorfer Strand)

ELKE HEIDENREICH

PINGUINE

Mitten im unendlich weiten Pazifik um Neuseeland, auf bewegten Wellen, weit ab von jedem Ufer, schwimmt eine kleine Gruppe von vielleicht sieben, acht Pinguinen, die Köpfe nebeneinander wie Herren aus der Chefetage auf dem Weg zur Konferenz. Nie kamen sie mir kostbarer, zierlicher und in dieser Welt verlorener vor als hier, mitten auf dem Meer, diese Nicht-Vogel-nicht-Fisch-Tiere. „Gänslein, die nicht fliegen können", nannte Fernando Magellan sie, als er 1520 im Süden Chiles die ersten sah – und sie gleich zu Tausenden schlachten ließ. Der Anblick dieser kleinen Gruppe hier vor dem Boot ist tief bewegend. Sie tauchen ab, tauchen auf, schnattern leise, als müssten sie für eine am Abend zu haltende Tischrede üben, verschwinden wieder wie ein Spuk.

Für mich ist es der glücklichste, der unfassbarste Moment auf dieser Reise, im Pazifik um Stewart Island: kleine, adrett gekleidete Pinguine, die grüßend vorbeischwimmen. Wo sie sind, gibt es Fische, und jetzt kommen die Albatrosse, einer, zwei, vier, zehn, es werden immer mehr und die Sonne verschwindet, wenn sie ihre drei Meter weiten Flügel aufspannen und ums Boot fliegen, weil wir ihnen Fischstücke zuwerfen. Wie soll man so viel Schönheit aushalten? Als wir anlegen, schwimme ich in der kleinen Bucht, auch wenn das Wasser kalt ist. Ich will unbedingt einmal im selben Wasser geschwommen sein wie die Pinguine. Es fühlt sich gut an.

Der Gelbaugenpinguin lebt an den Küsten Neuseelands, hier bei Dunedin an der Südküste. Pinguinpaare bleiben ein Leben lang zusammen, 2000

▲ Touristen auf der Insel Fernandina beobachten einen Mantarochen, Galapagos, 1998

► Meerechse. Die endemischen Tiere leben auf den Galapagosinseln und ernähren sich ausschließlich unter Wasser von Meeresalgen. Die Echsen werden bis zu 1,20 Meter lang, 1998

7

ELEMENT IM WANDEL

NEBEL, EIS UND WASSERTROPFEN

▲ Vorherige Seite:
Reste des Nördlichen Schneeferners auf der Zugspitze. Der Gletscher leidet stark unter der Erwärmung des Erdklimas und ist heute nahezu gänzlich weggetaut, 2024

◄ Wald in dichtem, herbstlichem Nebel, Schwarzwald, 2015

▲ Von winterlichem Frost überzogenes Feld bei Lemsahl-Mellingstedt, Hamburg, 2018

► Nebelfelder ziehen über das Wasser. Frühmorgens an der Oder bei Kostrzyn (Polen) und Brandenburg, 1992

Geothermie auf der Halbinsel Reykjanes. Aus dem Erdinneren tritt heißes schwefeliges Wasser aus, Island, 2025

Geothermie in Hellisheiði. In diesem Gebiet im Westen Islands treten viele Schwefelquellen aus der Erde, 2025

◄ Beginnende Eruption des Strokkur, einem der größten Geysire auf Island, 2025

► Der Strokkur, ein großer Geysir auf Island, zeigt sich in voller Eruption. Sie dauert etwa 20 Sekunden lang an, 2025

▲ Die Eruption des Geysirs Strokkur erreicht ihre volle Höhe von circa 15 Metern, Island, 2025

▲ Kleiner Geysir. Beinahe kochend heißes Wasser brodelt in einem Erdloch nahe dem Strokkur, Island, 2025

◄ Jökulsárlón. Kleinere Eisbrocken treiben im Atlantik an der Südostküste Islands. Die Getscherlagune des Gletschers Vatnajökull gibt regelmäßig Eisschollen ins Meer ab, 2025

▲ Eruption des Geysirs Strokkur,
kurz vor dem Ausbruch, Island, 2025

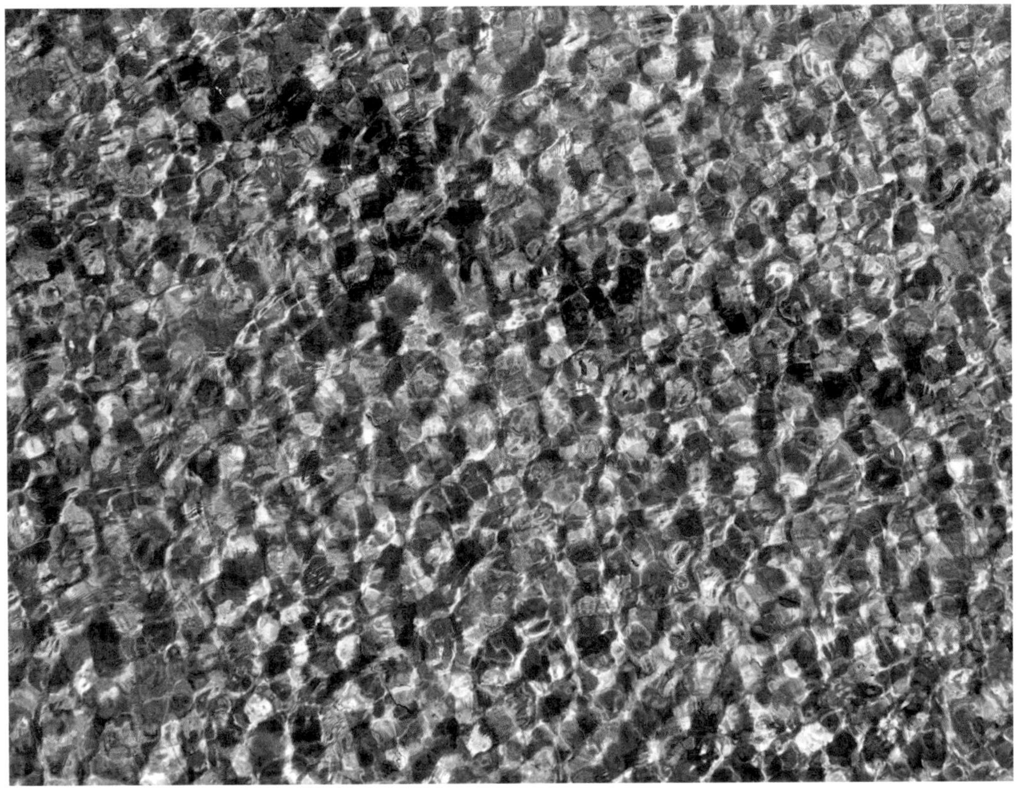

▲ Flachwasser der Ostsee am Timmendorfer Strand, Deutschland, 2022

► Kleiner See aus Gletscherwasser. Das flache Gewässer befindet sich bei Vík í Mýrdal, Island, 2025

▲ Ein Wassertropfen trifft auf eine mit Wasser gefüllte Schale, und als Reaktion springen neue Tropfen in die Höhe. Mit extrem hoher Belichtungszeit ab 2000/sec. und einem Makro-Objektiv fotografiert, Hamburg, 2024

◄ Das sprudelnde Wasser eines Brunnens an seiner höchsten Stelle, mit sehr hoher Belichtungszeit fotografiert, Berchtesgaden, 2025

▲ Eiszapfen am Fahrradschuppen des Fotografen. Im Winter 2024/25 an den letzten Frosttagen fotografiert, Hamburg, 2025

Schneebedeckte Ausläufer des Gletschers Vatnajökull im Südosten von Island. Bezogen auf die Fläche ist der Vatnajökull der größte Gletscher Europas, Island, 2025

Über den Wolken in 3.000 Meter Höhe im
Heißluftballon über Norwegen bei einer
Temperatur von minus 15 Grad Celsius, 1993

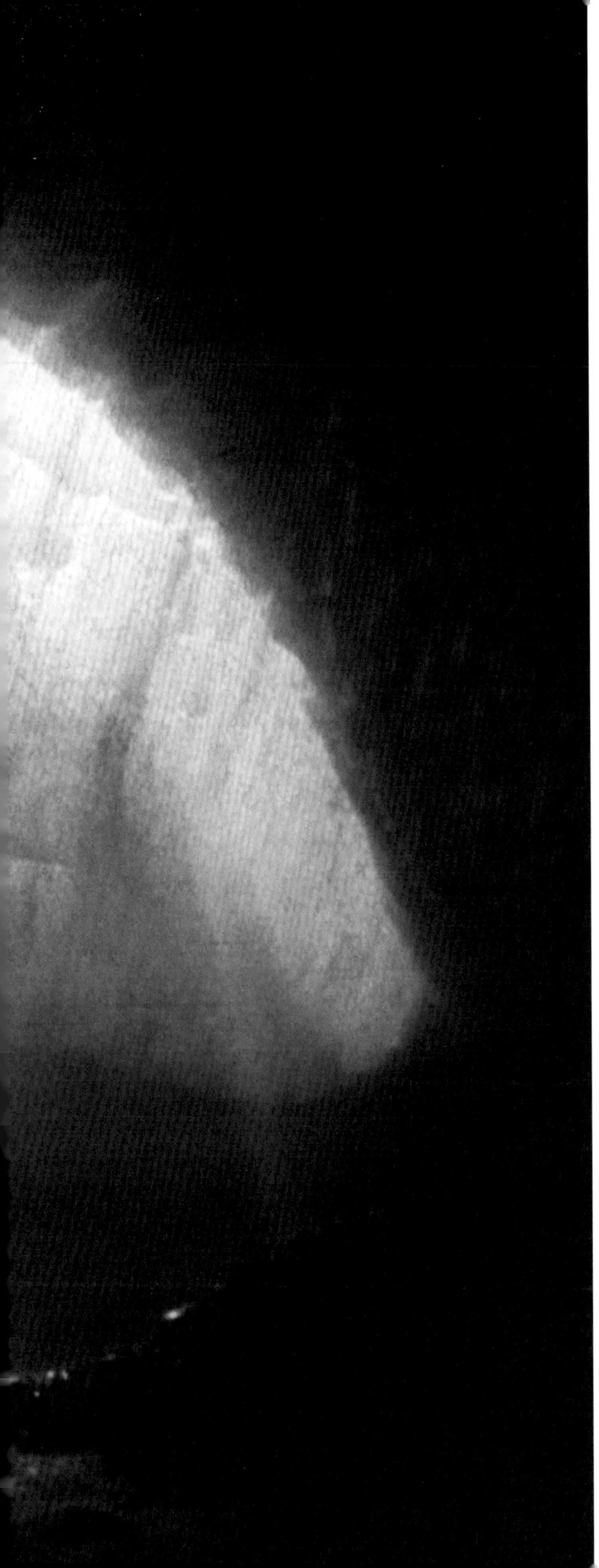

▲ Vereister Wasserfall im tiefen Winter, Bayern, Deutschland, 2017

◄ Gletscherhöhle mit jahrhundertealtem Eis in einem Teil des Vatnajökull, 1992

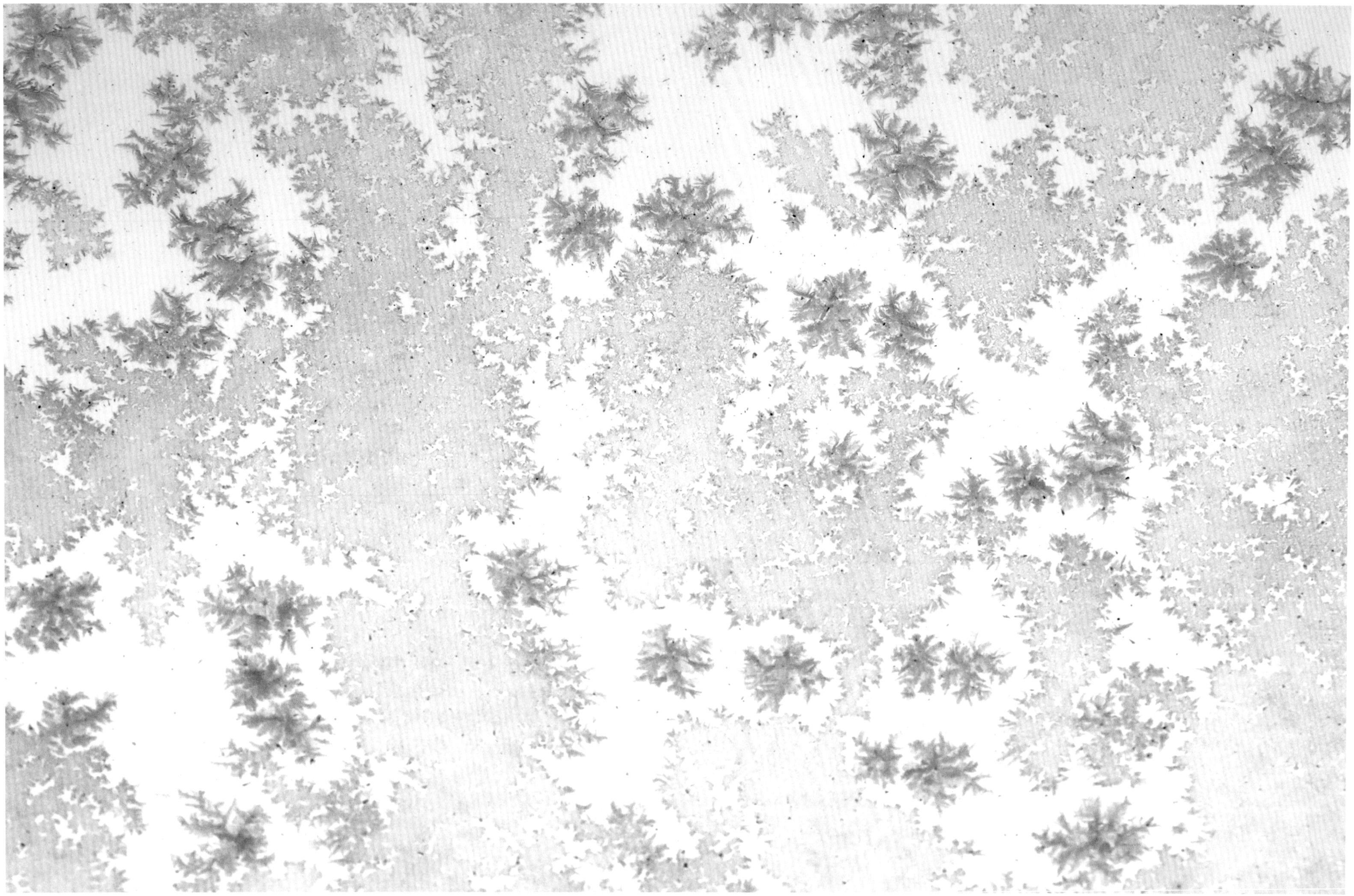

Eisblumen an meiner Fensterscheibe,
morgens Richtung Osten, Hamburg, 2025

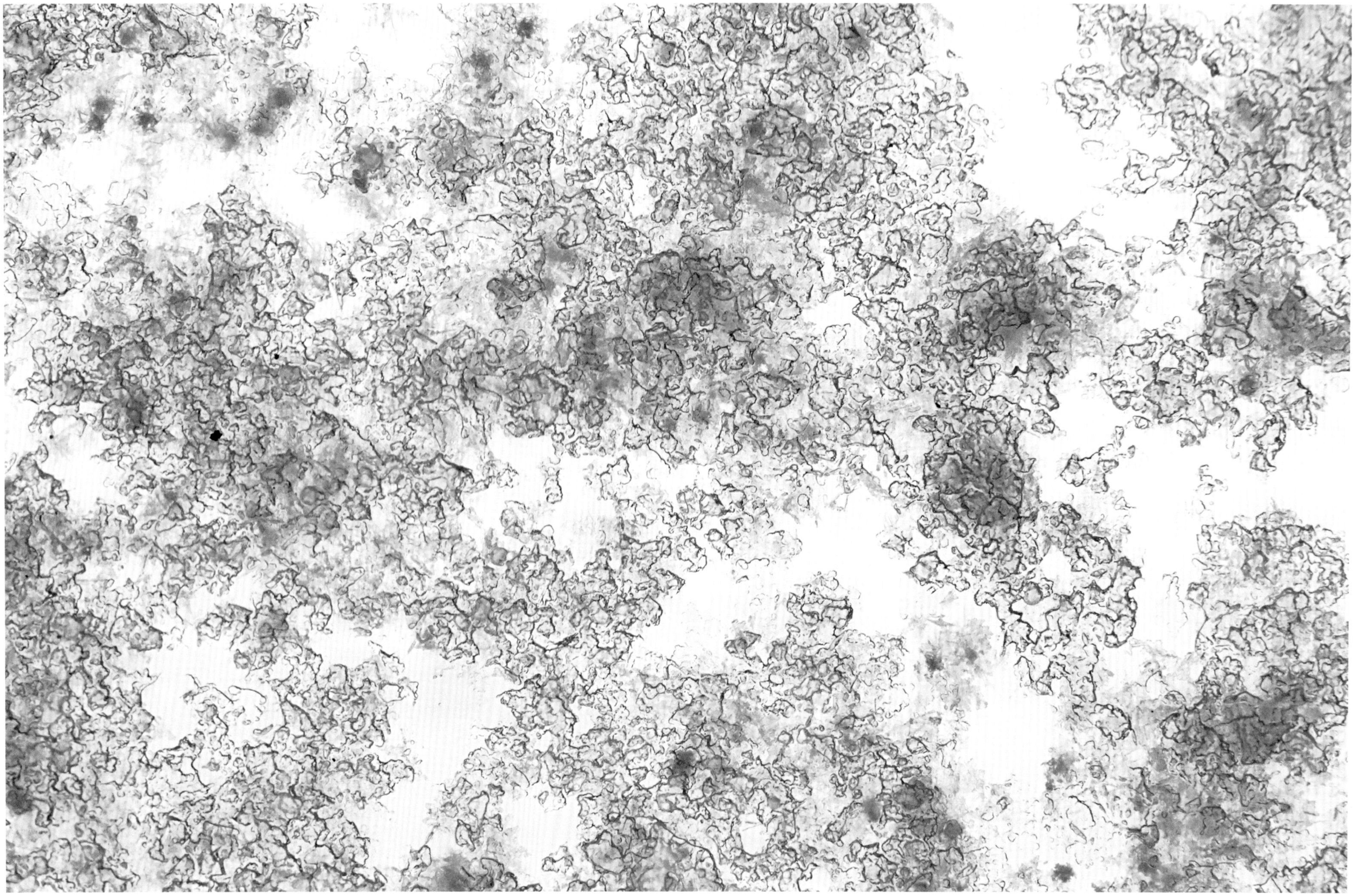

Froststruktur auf einer Glasscheibe. Verschiedenartige Glasscheiben
lassen unterschiedliche Eisblumen entstehen, Hamburg, 2025

Gletscherausläufe bei Skaftafell, einem Nationalpark
bei Vík í Mýrdal im Süden von Island, 2025

Auslauf des Gletschers Vatnajökull.
Die Eiszungen schieben sich Richtung Meer, Island, 2025

▲ Eisberge in der Lagune von Jökulsárlón. Der fliegende schwarze Lavasand lässt die Eisberge schmutzig aussehen, Island, 2025

◄ Eisschollen treiben in der Lagune von Jökulsárlón und driften dann in den Arktischen Atlantik, Island, 2025

▲ Bei Petrosawodsk in Karelien, Russland, baden abgehärtete Männer in einem eisigen See, 1998

► Sich an exotischen Orten fotografieren zu lassen, ist in Japan beliebt. Hier ein frisch getrautes Paar mit eigenem Fotografen in der Gletscherlagune Jökulsárlón, Island, 2025

Kleiner Eisbrocken in der Lagune von Jökulsárlón, Island, 2025

Hand mit Eisstück. Kleine Eisbrocken aus dem sehr kalten Wasser der Gletscherlagune von Jökulsárlón, Island, 2025

Halbunterwasseraufnahme mit treibenden Eisbergen in Jökulsárlón bei einer Wassertemperatur von circa 0 Grad Celsius. Bei der Aufnahme hielt ich eine Unterwasserkamera vom Ufer aus halb über den Wasserspiegel, halb darunter, Island, 2025

Spaziergänger auf der schneebedeckten
alten Seebrücke in Scharbeutz, Ostsee, 2020

▲ Lachmöwen über der Nordsee,
Deutsche Bucht, 1994

◄ Eine Möwe vor den gewaltigen fallenden
Wassermassen des Seljalandsfoss
im Südosten von Island, 2025

ÜBER WASSER

Unsere Welt ist bestimmt von Wasser – was als chemische Verbindung H_2O so nüchtern anmutet, ist ein Verwandlungskünstler von immenser Bedeutung für unser Leben. Wasser ist transparent und passt seine Farbe der Umgebung an. Blaues Wasser existiert nicht, je nach den Reflexionen des Himmels erscheint es blau und türkis oder auch bräunlich und trüb, etwa durch aufgewirbelten Sand oder Schwebstoffe in Flüssen und Seen. Zugleich ist es nicht nur farblos, sondern auch geruchlos und ohne eigenen Geschmack. Wasser ist eines der kleinsten und leichtesten bekannten Moleküle. Seine Oberflächenspannung ist außergewöhnlich, was es zum Beispiel Insekten ermöglicht, auf Wasser zu laufen. Als einziger Stoff der Erde kann Wasser seine Eigenschaften verändern: fest als Eis oder Schnee, gasförmig als Wasserdampf in der Luft und flüssig als Wasser etwa in Ozeanen, Flüssen oder Seen. Diese drei Aggregatzustände gehen kontinuierlich ineinander über: Eis schmilzt zu Flüssigkeit, Wasser wandelt sich zu Wasserdampf, der wiederum zu Flüssigkeit kondensiert. Bei tiefen Temperaturen wird Wasser dann erneut zu Eis. Dieser Kreislauf des Wassers ist essenziell für das Klima und das Leben auf der Erde – von Anbeginn bis heute. In den etwa 4,6 Milliarden Jahren, in denen die Erde existiert, herrschten starke Klimaschwankungen – von sehr heiß und trocken bis hin zu eiskalt oder extrem nass und feucht. Auch für die Erdoberfläche war Wasser prägend: Ob es vereist oder flüssig war, hatte immensen Einfluss. Bei warmem Klima etwa war der Meeresspiegel sehr hoch, und weite Teile der Erde lagen unter Wasser. Vereiste dagegen in sehr kalten Zeiten das Meerwasser, sank der Meeresspiegel. Anders als heute war beispielsweise die Nordsee während der Eiszeiten Festland und kein Meer. Eingriffe des Menschen bleiben dabei nicht ohne Folgen: Der natürliche Wasserkreislauf wird heute zunehmend unter anderem durch Flussbegradigungen, Versiegelungen von Flächen oder Abholzungen von Wäldern negativ beeinflusst.

Die Erde gilt als „blauer Planet“: Wasser in seinen unterschiedlichen Ausprägungen findet sich nahezu überall und bedeckt 71 Prozent der Erdoberfläche. Weltweit beträgt das gesamte Wasservolumen circa 1,4 Milliarden Kubikkilometer, mit 97,5 Prozent hat Salzwasser in den Meeren und Ozeanen den größten Anteil. Süßwasser kommt mit lediglich 2,5 Prozent deutlich seltener vor. Zugleich ist nur etwa die Hälfte davon leicht zugänglich, etwa in Seen, Flüssen oder im Feuchtbereich des Bodens. Der Löwenanteil von Süßwasser ist zu 68,7 Prozent in Form von Eis und dauerhaft gefrorenem Wasser wie etwa den Polkappen und Gletschern gebunden, bei 30,1 Prozent handelt es sich um Grundwasser. Der Süßwasseranteil, auf den Menschen und Tiere direkt zugreifen können, ist demnach weltweit äußerst gering und global ungleich verteilt. In einigen Regionen, zum Beispiel in den Trockengebieten Afrikas oder des Nahen Ostens, ist Wasser bereits heute knapp. Obwohl sauberes Wasser ein Grundrecht ist, haben Schätzungen zufolge fast 2,2 Milliarden Menschen keinen Zugang zu sicherem Trinkwasser, vor allem in den ärmeren Regionen der Erde.

Unsere Welt ist abhängig von Wasser, es ist unverzichtbar für alles Leben. Ohne Wasser gäbe es keine Menschen, Tiere und Pflanzen. Letzteren dient es als Lebensraum, beispielsweise in Form von Meeren, Flüssen und Feuchtgebieten, oder als Nahrungsquelle. Pflanzen vertrocknen bei Wassermangel. Tiere benötigen Tränken oder Wasserlöcher. Fische, Amphibien, Reptilien und Wasservögel leben am oder im Wasser. Einen Dschungel oder einen Regenwald gäbe es nicht ohne genügend Regen und Feuchtigkeit. Und auch für uns Menschen ist Wasser eine unverzichtbare Ressource. Es dient uns als Trinkwasser und ist essenziell für die Landwirtschaft, Energieerzeugung, Industrie und sanitäre Versorgung. Ohne sauberes Wasser sind Gesundheit, Ernährung und ganze Ökosysteme bedroht. Für die Erzeugung unserer Lebensmittel benötigen wir Wasser. Viele, wie Fisch, Obst und Gemüse, haben selbst einen hohen Wasseranteil von über 90 Prozent. Wir gewinnen lebenswichtige Energie aus dem Wasser, nutzen es zur Kühlung oder brauchen Wasserwege zum Transport von Gütern. Erste Siedlungen der Menschen wurden fast immer an einem Fluss oder dem Meer gegründet, nahezu alle Millionenstädte der Erde befinden sich heute am Wasser. Ohne Wasser ging und geht nichts.

Auch wir sind Wesen aus Wasser: Unser Körper besteht zu etwa 60 Prozent aus diesem faszinierenden Stoff, der Wasseranteil unseres Gehirns beträgt etwa 77 Prozent, der unserer Muskeln fast 80 Prozent. Im Durchschnitt benötigt ein Mensch täglich etwa zwei bis drei Liter Wasser, ohne kann man in der Regel nur etwa drei bis fünf Tage überleben.

Der Wasserverbrauch weltweit ist groß. Dabei schlagen neben direkten Wasserentnahmen, etwa durch Industrie, Energieversorger und Landwirtschaft, auch die indirekten Verbräuche zu Buche, zum Beispiel indem wir Lebensmittel konsumieren oder bestimmte Dienstleistungen und Produkte nutzen. Für die Kaffeebohnen einer einzigen Tasse Kaffee beispielsweise sind schätzungsweise 132 Liter Wasser erforderlich, für die Herstellung einer Jeans circa 10.000 Liter Wasser. Um eine Badewanne für ein Vollbad zu füllen, sind etwa 150 und 180 Liter notwendig, beim Duschen werden circa zwölf bis 15 Liter pro Minute verbraucht. Groben Berechnungen des Bundesumweltamts zufolge beträgt in Deutschland der „Wasserfußabdruck“, also die Menge, die sich durch direkte und indirekte Wassernutzung ergibt, insgesamt circa 219 Milliarden Kubikmeter pro Jahr – dies ergibt für jede Person hierzulande einen durchschnittlichen Wasserfußabdruck von 7.200 Litern täglich.

Um die Bedeutung des Wassers verstärkt ins allgemeine Bewusstsein zu rücken und für einen nachhaltigen Umgang mit der wertvollen Ressource zu werben, haben die Vereinten Nationen den Weltwassertag initiiert. Er findet alljährlich am 22. März statt. Zur Verbesserung der internationalen Zusammenarbeit zum Schutz der Meere wurde 2017 die UN-Ozeankonferenz (UNOC) ins Leben gerufen. Der wichtigste internationale Gipfel für den Meeresschutz fand im Juni 2025 zum dritten Mal statt und verfolgt die Umsetzung des SGD 14, des globalen Nachhaltigkeitsziels für die Meere. Themen auf der Agenda sind unter anderem internationale Abkommen, um den Plastikmüll in den Meeren zu verringern, Ansätze, um den Tiefseebergbau zu begrenzen, sowie das Ausweisen von Meeresschutzgebieten. Auch zahlreiche wissenschaftliche Institute, Forschungseinrichtungen, Initiativen wie „Ocean Change“ und gemeinnützige Organisationen wie die Deutsche Meeresstiftung setzen sich für den Schutz der Meere und des weltweiten Klimas ein. Denn Wasser ist unsere kostbarste Ressource.

ZU DEN AUTOREN

Tom Krausz

Der Fotograf Tom Krausz hat mehr als 130 Reportagen für namhafte Magazine erstellt und diverse TV-Dokumentationen unter anderem für ARTE, WDR, Servus TV produziert. Acht seiner Fotobände veröffentlichte er zusammen mit Elke Heidenreich als Textautorin. Seine Fotografien wurden in diversen Ausstellungen im In- und Ausland präsentiert, etwa im Museum für Kunst und Gewerbe in Hamburg sowie in der Galerie am Lindenhof in Zürich. Für seine Arbeit erhielt er unter anderem den Literaturpreis Corine 2011 und den ITB-Reisebuchpreis.

Elke Heidenreich

Elke Heidenreich lebt in Köln. Sie arbeitete viele Jahre für Hörfunk und Fernsehen und wurde als Moderatorin, Kolumnistin und Autorin bekannt. Zu ihren zahlreichen Büchern zählen unter anderem „Nero Corleone", „Alles kein Zufall" und „Altern". Für ihr Werk wurde die Bestsellerautorin mehrfach ausgezeichnet.

Uli Kunz

Uli Kunz ist Meeresbiologe und Unterwasserfotograf. Er arbeitet als Forschungstaucher für wissenschaftliche Expeditionen und veröffentlicht Bücher über die Lebensräume im Meer und den Schutz der Ozeane. Als Moderator der ZDF-Sendung „Terra X" engagiert er sich mit seinen Filmen, Vorträgen und Shows als Meeresbotschafter.

Arved Fuchs

Der Polarforscher Arved Fuchs wurde durch seine zahlreichen Expeditionen bekannt, die ihn vor allem in die Arktis und Antarktis führten und für die er renommierte Preise erhielt. Über seine Reisen sind zahlreiche TV-Dokumentationen und Berichte erschienen. Als Autor hat er bislang 23 Bücher über seine Erlebnisse als Expeditionsleiter veröffentlicht.

DIE DEUTSCHE MEERESSTIFTUNG

Seit ihrer Gründung setzt sich die Deutsche Meeresstiftung für den Schutz und die nachhaltige Nutzung der Ozeane ein. Sie vernetzt Wissenschaft, Wirtschaft, Politik und Zivilgesellschaft, um Wissen in wirksames Handeln umzusetzen. Mit zahlreichen Projekten an Bord des Forschungsschiffs ALDEBARAN, darunter dem Meereswettbewerb „Forschen auf See", schafft die Stiftung Plattformen für Forschung, Bildung und gesellschaftlichen Dialog. Innovative Vorhaben wie die Wiederansiedlung von Seegraswiesen, die Entwicklung einer 360°-Meeresshow und internationale Kooperationen im Rahmen der UN-Ozeandekade verdeutlichen ihren praxisorientierten Ansatz. Die Stiftung bringt Menschen an Bord – im wörtlichen und übertragenen Sinn – und macht Meeresschutz erlebbar. Ihre Arbeit ist unabhängig, wissenschaftlich fundiert und auf langfristige Wirkung ausgerichtet. Unterstützung bedeutet, eine starke Stimme für den Ozean zu fördern und konkrete Lösungen für Klima, Biodiversität und nachhaltige Entwicklung – und damit für das Überleben der Menschen auf diesem Planeten – voranzubringen.

Deutsche Meeresstiftung
German Ocean Foundation

Spendenmöglichkeit

Spendenkonto:
Triodos Bank Deutschland
IBAN: DE50 5003 1000 1035 2150 06
BIC: TRODDEF1XXX

DANKSAGUNG TOM KRAUSZ

Ich möchte mich bei allen bedanken, die dieses wichtige Buch mit viel Engagement und Geduld zum Leben erweckt haben. Insbesondere dem Verleger Peter Tamm, der Verlagsleiterin Sylvia Fuhlisch, der Lektorin Meike Nieberding und Sarah Winter für die Gestaltung. Es waren und sind noch viele mehr im Maximilian Verlag, die diese Hommage an unsere wichtigste Ressource unterstützen.

Und besonderer Dank gebührt den drei Autoren Elke Heidenreich, Arved Fuchs und Uli Kunz.

Der Fotograf bedankt sich für die freundliche Unterstützung und Möglichkeit zum Fotografieren beim Tropenaquarium Hagenbecks Tierpark Hamburg, www.hagenbeck-tierpark.de (Fotos auf den Seiten 32, 182, 184/185, 187), bei SEA LIFE Timmendorfer Strand, www.visitsealife.com (Fotos auf den Seiten 46, 185, 196, 196/197) und beim Nationalpark-Zentrum Multimar Wattforum in Tönning, www.lkn.schleswig-holstein.de (Fotos auf den Seiten 49, 185, 186).

Titelmotiv: Die Brandung des Atlantiks vor Dyrhólaey, im Südosten von Island, 2025

Fotos: © Tom Krausz
Foto Seite 238, Tom Krausz: © Tom Krausz / Foto Seite 238, Elke Heidenreich: © Tom Krausz /
Foto Seite 238, Uli Kunz: © Florian Huber / Foto Seite 238, Arved Fuchs: © Arved Fuchs

Ein Gesamtverzeichnis der lieferbaren Titel schicken
wir Ihnen gerne zu. Bitte senden Sie eine E-Mail
mit Ihrer Adresse an: vertrieb@koehler-mittler.de
Sie finden uns auch im Internet unter:
www.koehler-mittler-shop.de

Bibliografische Information der Deutschen Nationalbibliothek
Die Deutsche Nationalbibliothek verzeichnet diese
Publikation in der Deutschen Nationalbibliografie;
detaillierte bibliografische Daten sind im Internet über
https://dnb.de abrufbar.

ISBN 978-3-7822-1572-5

im Maximilian Verlag GmbH & Co. KG
Stadthausbrücke 4, 20355 Hamburg, Deutschland
Ein Unternehmen der TAMMMEDIA
herstellung@koehler-mittler.de

Texte: © Arved Fuchs, Elke Heidenreich, Tom Krausz, Uli Kunz
Gestaltung: Sarah Winter, Hamburg
Litho: Alexander Langenhagen, edelweiß publish
Druck und Bindung: Beltz Grafische Betriebe GmbH
Am Fliegerhorst 8, 99947 Bad Langensalza

Printed in Germany

FSC
www.fsc.org
MIX
Papier | Fördert
gute Waldnutzung
FSC® C089473